自然主义种植设计

基本指南

[英] 奈杰尔·丁奈特　著

王春玲　王春能　译

"奈杰尔的低投入高影响理念是如此重要。"——皮耶特·奥多夫

中国林业出版社
China Forestry Publishing House

图书在版编目（CIP）数据

自然主义种植设计：基本指南 /（英）奈杰尔·丁奈特著；王春玲，
王春能译 . -- 影印本 . -- 北京：中国林业出版社，2021.1

naturalistic planting design: the essential guide

ISBN 978-7-5219-1010-0

Ⅰ . ①自… Ⅱ . ①奈… ②王… ③王… Ⅲ . ①园林植物—园林设计
Ⅳ . ① TU986.2

中国版本图书馆 CIP 数据核字 (2021) 第 021031 号

版权登记号：01-2020-3596

特约审校：贾培义
责任编辑：印　芳　王　全
出版发行：中国林业出版社
　　　　　（100009 北京西城区刘海胡同 7 号）
　　　　　http://www.forestry.gov.cn/lycb.html
电　　话：010-83143565
印　　刷：北京博海升彩色印刷有限公司
版　　次：2021 年 4 月第 1 版
印　　次：2021 年 4 月第 1 次
开　　本：889mm×1194mm　1/16
印　　张：14.5
字　　数：400 千字
定　　价：98.00 元

自然主义

种植
设计

基本指南

序 言

奈杰尔最初作为一个年轻的研究者时，我就认识了他，之后就一直关注着他的进步。我们一起参加了许多研讨、讲座和会议，随着我对奈杰尔了解的加深，我意识到我们对种植设计的看法和观点有多么相似。当提及自然种植唤起人们强烈而美妙的情感时，我们尤其有共鸣。他创造美丽花园和景观的方式令我印象深刻，这些花园和景观不仅自然，而且有具体科学研究的支撑。奈杰尔是为数不多在私家花园里工作的设计师之一，他也将天然植物带入我们的城市和公共场所。这不是一件容易的事，但是这对于应对气候变化却非常重要，而这就是奈杰尔"低投入、高影响"理念的重要之处。他的公共项目中有许多出色的例子，包括后文提到的屋顶花园、雨水花园和城市草地。

我饶有兴味地阅读奈杰尔最初对植物的兴趣。他描述了如何从年轻时就被奇妙而又令人敬畏的自然景观所吸引。这些成长经历激起他对野生植物群落数十年的观察和研究。在本书众多有趣章节中的一节里，奈杰尔基于中国的一片草地，并从中提炼总结出了许多令人难以置信的原则，然后将这些原则作为其种植方法的基础。自然种植设计的世界是我一生都参与的领域，这个世界充满无限可能，是无穷乐趣的源头。这也是一个不断发展的领域，我们必须始终寻求更新，扩宽可能的界限，并在既往经验上构建令人兴奋的新概念。毫无疑问，这本书为自然主义设计的进一步发展提供了踏板，并将鼓励新一代的设计师和园艺工作者在他们利用环保的种植方式时采用最新的思维方式。

皮耶特·奥多夫（Piet Oudolf）

2018年12月于赫梅洛（Hummelo）

引 言

　　我们受大自然约束，与其紧密相连。大自然就是我们的核心，存在于我们的血液中，它使我们感到完整。我们是其中的一部分！

　　人类渴望建立花园，渴望在最荒凉的环境中引入绿色，这是对我们与自然环境之间与生俱来的联系的最高表达。用植物进行设计，表达自己对自然世界的情感，使我们内心更接近自然，成为生活的一部分，这就是为什么种植设计对我来说非常重要的原因。实际上，这对我们的未来至关重要。

　　我的目标不仅是创造功能实用的设计、填充空间或复制自然，甚至不只是制造精美的景观，而是在基本要素上创建触及我们内心的东西。最重要的是，这会激发情感：非常积极的情感。当我创建的景观、花园或种植实现这一目标时，那真的是一件令人惊奇的事情。

种植为人

　　本书主要讨论的是如何创造植物丰富的花园和景观，并与自然相协调，创造出最美丽、奇妙、欢乐、令人振奋并引人入胜的环境；而且使空间与自然产生共鸣，不仅仅是用绿植填充空间。本书也旨在赞颂自然世界的能量和威力，以及我们与自然的关系。通过与植物的愉快合作，我们将获得解放和自我赋能。我相信，经过认真推敲的自然主义种植会触动到我们内心无法被其他种植方式所触及的地方。我们以不同的方式与之互动，可能激发我们内心不同的情感。因此，本书介绍了种植设计指南，以新颖的关于环境的视角将美与种植意义相结合，创建一种与自然及其周围环境相协调的场所。

　　我做种植设计的主要目的之一是在观赏者中产生情感链接。

上图及对页下图　纽约高线公园表明，即使在人口密度最高的城市环境中，采取重大的绿色干预措施仍可带来经济、社会和环境效益。
设计　Field Operations詹姆斯·科纳（James Corner）及皮耶特·奥多夫（Piet Oudolf）

前页　以此为灵感并结合对植物群落运作原理的理解，我们拥有无与伦比的机会来制作自己的精美而令人叹为观止的植物群落实例。伦敦英女王伊丽莎白二世奥林匹克公园（Queen Elizabeth Olympic Park），城市草地。
设计　奈杰尔·丁奈特

　　我追求的是一种无法抗拒的美感，温暖、令人敬畏、富有戏剧性而使人着迷。但我相信，还远不止于此，它可以改善生活，甚至改变生活，因为它可以消除我们已经建立的束缚和条条框框并释放出纯洁的、如孩子一般的单纯欢乐和自由，就如同绘画、雕塑和音乐所能做到的一样。但植物与其他媒介不同，它们有生命并且充满活力，其组成也会随着时间而变化。这既是一个非常令人兴奋的想法，但也同时充满了挑战。

种植设计作为一种艺术形式
（Planting design as an art form）

　　当我做种植设计工作时，我有两句格言。第一句是"将种植设计作为一种艺术形式：适应自然"。其中的"适应自然"部分是指以一种宽泛的称为自然主义的方式来运用植物。但是，在自然主义、受生态启发的种植设计中，很容易陷入技术的困境中。各种术语和技术逐年变得越来越复杂。确实，有时似乎只涉及如何做的细枝末节，而不是关心为什么要做。此时至关重要的是，不要忘记原因，以及考虑第一句格言的重要性。别忘了，种植必须像艺术品那样打动、吸引和愉悦人们。让我们将此放在需优先考虑的事项中，因为在我们这个日益拥挤的世界中，我们必须越来越多地适应越来越小的空间，如果花园要做点什么的话，那么花园必须首先为人服务。

　　另外，我们必须找到将自然主义方法整合到较小的空间以及大规模应用中的方式。我们需要考虑小尺度私密空间，并在人性尺度上进行设计和工作——无论使用的面积有多大，这都是必须考虑的事实。这就是为什么尽管在本书中贯穿着强烈的环境伦理思想，但它仍是以人为本，并且在强有力的自然主义种植理念面前毫不妥协。当然，这并不是什么新鲜事。事实上几十年来我们一直处在被称为当代自然主义种植设计（或更具体地说是新的多年生种植）的轨道上。该术语实际上涵盖了非常广泛的风格和方法，每种风格和方法都有其自己的术语和设计技术原则。本书的一个重要目标是消除其中的某些复杂性，并

将其分解为我所希望的一套更为直接的术语和原则。但是，不仅如此，让我们回顾一下整个自然主义种植发展的现状，然后继续前进，并用新的多年生植物生活的规律来拥抱整个植物世界，而不仅仅是多年生植物。

上图　即使在伦敦巴比肯（Barbican, London）的最城市化的环境中，也可以创造令人振奋的、沉浸式的自然主义环境。
种植设计　奈杰尔·丁奈特

种植设计必不可少（Planting design as an essential）

我的另一句格言是"种植设计必不可少：如果要创造健康的城市和宜居的场所"。这似乎与第一句矛盾，但是两者是完全相互联系的。我们需要摆脱这样的观念，即种植设计是装饰性的，它可以软化我们的建筑环境，虽然有它是件好事，但没有它也无关痛痒。

我试图通过我的工作推广一种与以上截然不同的观点：创造一个人造景观，丰富的植物种植应该是基本的最首要考虑的问题，而不是作为项目最后的附加。无论是在城市中心还是在偏远的乡村，无论是公共场所或私人花园中，其都是创建健康宜居场所的关键要素。我们需要将植物种植从"锦上添花"转变为没有商议余地的"必需"。

种植设计是必不可少的，因为土壤和植物的结合为我们人类及整个生命网络带来了许多益处。这对于与自然协调的种植方式来说是一个巨大的新机遇，因为我认为尽管任何形式的种植都会带来某种好处，但是如果按照本书的原则进行种植，会使其功能最大化，并在最广泛的意义上实现可持续。这个领域有广阔的前景，潜力还没有发挥到最大。这对于美丽而富有创意的种植设计

是一个绝佳的机会，可以越过花园围墙和公园边界，并进入到街道和其他地方，这在不久前还是无法想象的。我们再次回到我们的双重目标：我们有机会使日常生活环境变得更加健康和对环境有益，同时又令人惊叹。

上图　植物和植被在日常生活中尽可能多的渗透，能够使我们重新建立与自然的联系，这种联系对许多人来说几乎失去了。

左图　将令人愉悦和丰富多彩的自然主义种植带入日常生活中，无论我们是否了解自然，都可以与我们建立深厚的、经常像孩子一样的情感联系。谢菲尔德（Sheffield）的地产中采用奈杰尔·丁奈特的"缀花草地"（Pictorial Meadows）种子混播。

启发于自然（Inspired by nature）

启发于自然——或者说"道法自然"——其实有着多重含义。例如一些情况下，会更注重"自然"的本意，具体强调重现特定自然景观或群落的特征。这类设计可以遵循"生物地理学"的方法，即在对一个地区植物群落进行研究的基础上总结其模式，在其他生态条件适宜的地区加以调整和使用。例如，詹姆斯·希契莫夫在他2017年的著作《播种美丽》（Sowing Beauty）中，列出的大量北美、欧洲、亚洲、南非等区域的植物群落和种类清单，即来自于对野外自然植物的研究，可作为构建植物景观的基础。

作为这种生物地理方法的一部分，我们还可能包括世界各地的原生植物理念，即设计的种植应仅由适合该地区或地方的原生植物物种组成。在最纯粹的恢复生态学或栖息地创造形式中，设计师将利用本地植物群落中的本土物种进行创作。整个方法可能是受到特定景观或植物群落美感的启发，但本质上，这是一项深

奥的科学工作，研究出如何在人为设计的情况下重新创建这些植物群落，而这通常在这些植物群落自然存在的地方数千里之外。因此，上述"自然灵感"用于种植设计的一个要素就是我将提到的"分类学"，即列出构成特定天然植物群落的植物清单，然后将其用作新种植设计的基础。其论据是这些物种一起进化，并且自然地共存并相适应。

当然，关于"自然灵感"也有完全不同的思考。除了"分类生态学"之外，我还想从"视觉生态学"的角度来思考。对我来说，这并不是要尝试重新创建我在野外看到的东西。取而代之的是，要使用反映植物在天然植物群落中组合方式的形式、质感、颜色和美学，但是仅将其视为建立生态美学的起点。我想利用各

上图　我对种植设计的灵感主要来自野外的草甸植物群落。这是在中国四川的田野里大花鸢尾和波斯菊的美丽配色。

种各样的植物来创造新型的设计的自然：一种人为自然。除此之外，在这个不确定的气候和环境变化时期，我想创造一种未来自然，以适应我们可预见的在未来几年和几十年内生活的各种条件。因此，这本书是关于唤起自然、捕捉风景精神，并探讨将自然元素整合到高度设计的、人造的和当代的空间中的方法和技术。

向植物群落学习（Learning from plant communities）

首先，自然景观可以激发我们最深刻和令人振奋的情感反应。但达到这种目的，我觉得没有必要重新创建任何特定的真实植物群落。我们需要了解是哪些视觉线索或触发因素使我们认为某些事物具有自然的特征。

因此，当我说我受到大自然的启发时，最重要的是我从某些自然经历中获得的情感反应中得到启发。但是灵感也来自其他方面：植物群落的动态、活力和驱动力，以及它们作为系统的工作方式。因为它们就是这样——组成整体的零件的相互作用系统。理解天然植物群落工作的基本机制是实现可持续种植的最直接方法，而可持续种植需要最少的资源来维持它们的生长——我称之为"高影响、低投入"的种植，这是我工作的基础。

上图　同一事物的大范围变化，尽管乍看之下引人注目，很快就变得单调和用力过度。

下图　天然植物群落中的视觉模式是植物自身与作用于现场的环境"力量"之间复杂相互作用的结果。了解这些是在花园中实现可持续种植的重要一步。

填充空间还是创造空间？
（Filling space or making space?）

　　针对自然主义和基于植物群落设计的大多数建议似乎主要是关于填充空间，换句话说，就是将特定的植物混合或配植以占据特定区域。但是除了填充空间（就像地板或地毯占据地面一样）之外，我们还需要考虑种植设计是为了创造空间，换句话说，首先要创建实际的空间！植物丰富的花园和景观需要与植物一起构成和塑造，并用植物填充。因此，在自然主义的种植设计中，创造自然主义的空间与填充自然空间同样重要。

　　也许是因为在自然界中，发现那些启发了许多现代自然主义的种植设计都是在大尺度空间的比如北美草原、欧亚草原、草地和其他草原植物群落和景观，所以许多人工设计的自然主义种植的最著名案例也是大规模的，包括私人或公共空间的场地。参观这些案例当然感觉大面积种植很引人注目，但是参观感受也是使人神思枯竭。具有讽刺意味的是，当较小规模的丰富多样性在大面积上重复时，会变得单调。尽管也会令人印象深刻，但开始感觉缺乏精神和火花。当基本相同的事物充满大空间时，除了最初的印象外，几乎无法持续让人投入其中。在广阔的空间中重复相同的元素意味着你在第一个视野看到的内容和你在第二个、第三个和第四个视野中看到的内容是相同的。

上图　在伦敦巴比肯的设计种植中醒目的颜色、纹理、形式和结构的组合。
设计　奈杰尔·丁奈特

营造亲切的空间（Making intimate spaces）

经常有人问我，这种种植方式是否也适用于狭小的空间。答案是肯定的!我的方法是大胆而富有戏剧性的，用植物来创造令人振奋、兴奋和难忘的设计，有时微妙，有时生动。在做植物景观设计时，不管空间大小，我认为有一个因素不可或缺：亲切感。为了充分考虑人对自然的反应，必须要从人的尺度去思考和应对：这个尺度可以使人感受和回应周围的环境，也能让人感到舒适和安全。即使在非常大的区域中，我们也需要创造一系列小尺度的空间，以便人们更好的感受那些场地。

在这一点上，我们需要引入基本的理论思想以支撑本书中的所有内容。我的命题的核心是，巧妙的自然主义种植设计方法是种植设计的最高形式，及为什么我们需要始终牢记亲切空间及在

人性尺度上进行种植设计的想法。这就是进化心理学的概念，其试图解释我们当前的行为、偏好和日常选择是由自然选择和我们自身作为一个物种的进化决定的。

上图　即使在最大尺度的区域内，在自然种植中都应创造人性化尺度的体验，这是为人而设计的关键。这也是在较小空间中使用种植的最佳方法。这三个作者本人创作的花园案例表明，较小的座位或聚会区域以及探索性路径的使用可以营造出亲密的感觉。只需将座椅放在边缘，半边在植物中半边放到外面，就可以鼓励更多的参与和积极的体验。

我不是机器人（I'm not a robot）

据一些专家称，智力人类成为一个独特物种的时间极短——只有25,000年。就地球上的生命而言，这段时间是微不足道的。我们从可能存在了几百万年的其他原始人进化而来。在整个这段时间里，我们和我们的祖先与这片土地密不可分地生活在一起。直到最近一千年，才有各群体的人聚集在不同规模的社区中，也许直到最近几百年，才可以说有相当多的人失去了与土地的直接联系。那实际上只是少数几代人，从进化的时间来看绝对无足轻重。

有大量的理论思想指出我们的大部分行为、偏好和行动仍受进化史的支配；我们将动物的本能掩埋在我们喜欢称之为自由意志的意识和情感的薄外衣之下，而那些本能的力量最终仍在控制我们。我们视为理性处理的决定和选择在某种程度上是预先确定的，这样的想法令人不安。但是，"你不是机器人，"我听您说到，"你可以借助你的智能来消除那些本能驱动！"这可能是正确的，但要考虑内在本能的实际力量。鸟类在各大洲的迁移、蜂巢或蚁丘的复杂性、海狸建造的水坝，还有无数体现本能力量的其他例子。所有无法学习的行为，都是由于遗传密码的神秘性才得以实现。我们似乎不可能成为唯一不受此影响的物种。

下图　像疏林草地一样的景观，具有较大的开放空间，视野和视线中（前景）也有大量的被隐蔽（庇护）的部分，由于我们的进化历史，这样的景观对我们来说自然令人愉悦且舒适。

进化心理学提出的与景观和花园相关的最有力的理论之一是瞭望—庇护理论，该理论最初由杰伊·阿普尔顿（Jay Appleton）在1975年的重要著作《景观的体验》（The Experience of Landscape）中提出。阿普尔顿提出，由于我们在进化过程中大部分与景观联系紧密的时间都是在狩猎—采集社会阶段，从人类的角度来看，最令人舒适而愉悦的景观是"可观又可隐"的。换句话说，人类喜欢从视点上可以快速看到、识别和理解的景观（"瞭望"）；而所在的视点又希望是安全的、不易被看到的（"隐蔽"）。从进化的角度来看，我们更倾向于容易理解的景观，在这样的景观中可从远处轻松地看到机会和威胁，并且我们希望在我们感到安全无虞，特别是不受后方攻击的地方体验它们。换句话说，就是私密的空间。

前述关于人性尺度的观点只是其中的一部分。我们在设计景观时需要结构和秩序，以便我们可以立即解读它们。这就是为什么仅用外观随意的自然主义种植来填充大片区域并不能真正取悦我们。杂乱并不起作用。我们对自己喜欢和不喜欢的事物偏好至少部分是内在的。当然，这是有争议的，而且我们的很多喜好倾向也是与文化有关的，取决于我们是谁、我们身在何处——这是

长期以来喜好倾向是天然具有的还是后天习来之间的争论。但是有足够的基础让我确信，本书中我们将讨论的大部分内容都是通用的——其存在我们所有人之中，等待被解锁。这是原始的，通常被深埋的，但是就在那里。我相信精心设计的自然主义种植有能力释放这些原始的本能。这就是我谈论情感反应时的所要表达的，也许这些孩子般的解放的感觉并非偶然。在本书的后面，我们将研究如何将启发性的和清晰自然的景观特征转化为一种种植设计方法，以掌握原始解锁的钥匙。

因为这是关于情感反应的，所以从某些方面来说，这是一件非常个人的事情，而对我来说最好的解释方法是讲自己的故事。我希望用我自己的经历能讲出这些更广泛的普遍真理。

上图 这样的小规模景观充满了"瞭望与庇护"，使我们感到轻松自在，同时拥有大量的视觉趣味。

右图 自然主义的种植在人性尺度内形成私密空间，即使在城市中心（如巴比肯市），也可以营造放松和健康的感觉。
种植设计 奈杰尔·丁奈特

从头说起

从我有记忆开始，我就一直沉浸在花园和园艺中。这以一种非常简单的方式开始：创造新生命的可能性使我深受震动。 即使我只有四五岁，我也能记得很清楚。我的父母都是热情的园丁，他们帮助我剪了一些天竺葵插条。看到从花盆底部钻出新根的那种兴奋是一种神奇的经历。后来，我从垂柳树上切下了一根树枝。最终，它被种植在我们的前花园中，并与我一起成长，它伴随我的长高而越来越高，使我对植物生长产生了极大的个人参与感。这激发了我对从种子中生长出东西的热情——这也是带给事物生命的全部乐趣。

与植物的早期邂逅

在这一阶段，我的园艺知识非常有限，仅限于可以简单的从种子获得植物。但是我很着迷！在我十几岁的时候，我偷偷摸摸地在就寝时间无休止地浏览种子目录，着迷于所有不同的生菜品种或可以种的万寿菊！我的视野非常传统，并仅基于当时的花园书籍和电视节目。我喜欢季节性的花坛植物。当时我常对独赏植物旁平整干净、毫无杂草的土地而倍感自豪，我最喜欢就是夏末路边花卉和植物被修剪的一干二净的场景。我很喜欢这些事情，尽管我现在以一种截然不同的方式工作，但我从来没有忽略过"传统"园艺所带来的乐趣。

上图　我从来没有低估传统园艺给人们带来的极大乐趣。

在我十几岁的时候，我的观点即将发生改变——这完全是偶然的。我的父母是当地园艺俱乐部的成员，每年的郊游是前往皇家园艺学会（Royal Horticultural Society）的萨里郡威斯利花园旅行。绕过花园后，唯一的出路要穿过礼品店。我浏览了众多的园艺书籍，其中一本小书没有缘由地吸引了我。是有点橙色书脊的企鹅出版集团的平装本，正面是一所房子和茂盛的花园照片，尽管其中包含一些照片，但大部分都是文字。我购买了这本书，可能是出于一个自以为是的想法，即如果这是一本企鹅出版集团的书，那么它会带有某种知识光环！我在回家的公共汽车上阅读了这本书，我的眼界突然面向着一个全新的世界打开了。我偶然遇到了克里斯托弗·劳埃德（Christopher Lloyd）的《精心打理的花园》（*The Well-Tempered Garden*），随着书的打开，我开始意识到，除了菜园和花坛植物做的花境外，还有一大片未开启园艺领域。但最重要的是，园艺首次被提出为超越"周末要做的工作"及无尽的任务和严格的惯例组成的仪式。取而代之的是要打破规则，要挑战已有的智慧和知识，没有对与错，进行个人试验和尝试，有无穷无尽的可能性。最重要的是，它言辞诙谐、闲适随性，我从来没有将园艺与诸如此类的字眼联系在一起。

在这里，我必须承认我有点早熟！从十二三岁开始，我便开始了个人探索之旅。我尽可能地阅读和园艺实践，并参观了尽可能多的花园。在学校里，我迫不及待要等周末，那时我会把手放在土壤中种植和耕耘，在新鲜空气中远离教室的沉闷。在教室束缚中，我的思想却在自由飞翔，计划着我在花园享受自由时要做的事情。因此，实际上我的园艺（和设计）背景是自学成才，是通过观看、操作以及阅读相关经验获得的。

上图 非常正式元素与充满活力的野生植物之间的对比是大迪克斯特府（Great Dixter）花园的标志。

在18岁当我需要决定在大学做什么时，园艺就是我的爱好，我觉得我可以通过自己的个人探索学习所有我需要的知识。尽管我仍然处于狭窄的思维范围内，但我已经获得了丰富的实践和理论知识，这可能被认为是英国园艺舒适、雅致、中产阶级的艺术和工艺世界。因此，我没有接受任何园艺、花园设计或景观设计方面的正式培训（即使我知道那是我未来所要从事的领域），而是选择在植物学、植物科学和生态学方面获得科学背景，因为我认为我永远不可能正规地自学这些知识。我之所以需要这样的科学背景，是因为我在很小的时候就对第二个领域充满了兴趣，用最合适术语来说就是"自然历史"。

我在英格兰萨福克郡（Suffolk）伊普斯维奇（Ipswich）镇的边缘长大。我的父母在通往小镇的繁忙道路上建造了自己的洋房，这片土地曾经是采砂用的小采石场。后花园的一部分包括该采石场杂草丛生的遗迹——地面上无法建房屋的洞穴、一小片残留的林地和一个空洞形成的小池塘。土壤砂质、非常干燥，到处都是蜥蜴、蝴蝶、蚂蚱和蟋蟀。我记得在夏天自播的月见草（Oenothera biennis）的花葶迅速长高（对于我当时的年龄）。我的父母将这矿坑称为"坑"，但在我看来，这就像一个伸向地平线的广阔世界。当然它实际上很小，但是沿着蜿蜒的小路向下走，穿过沙沙响的成熟草丛，沐浴在夏天的阴凉处，或者看到潜伏在林地中的黄褐色的猫头鹰，我觉得自己像一个勇敢的探险者。实际上在大约六岁的时候，我第一次获得了极强烈的自然沉浸式体验——如果您静坐足够长的时间，就会感觉到嗡嗡声、振动感和充满生命气息的多感官世界的一部分。

后来当我九岁的时候，我的家人搬到了英格兰东南部肯特郡乡下的一个村庄，周围环绕着苹果园、树木茂密的林地和深深的小巷，四周环绕着高大的树篱。在我就读的那所小乡村学校里，怀特海德小姐是位退休的老师，她每个月带我们出去到自然步道上走走，这是她来学校的目的。她会识别我们看到的所有野花，并告诉我们它们的俗名，以及一些民间传说或关于每个野花的有趣故事。出于某种原因，这些古老的俗名确实引起了我的兴趣——狗的水银、杜鹃鸟品脱、淑女的工作服等等。通常，植物本身可能没有什么看头，但是名称和历史赋予了它们个性，而我由此就认识了它们。然而，这也让我着眼于小尺度——这些个体如何彼此生长在一起，以及它们似乎喜欢和不喜欢的事物。

顶图　林地野花是我的初恋，它们的短暂之美丰富了我的想象。蓝铃花（*Hyacinthoides non-scripta*）。

上图　紫蜂斗菜（*Petasites hybridus*）有趣的叶子和种籽头从德比郡（Derbyshire）一片沼泽地的下层植物草甸碎米荠（*Cardamine pratensis*）中生长出来。

当我长大一点了，我就会去郊外探险，经常骑自行车从我家的草坪走到更远的地方。我在春天发现了美丽的林地，那里开满了令人兴奋的如地毯的野花——欧报春（*Primula vulgaris*）、栎木银莲花（*Anemone nemorosa*）、香堇菜（*Viola odorata*）、熊葱（*Allium ursinum*）和蓝铃花（*Hyacinthoides non-scripta*）。夏季，草地上装饰有欧洲山萝卜（*Knautia arvensis*）和大矢车菊（*Centaurea scabiosa*）。鲜花在大片区域上蔓延，其丰富性和冲击力令我折服，而我也将自己融入这些地方，静静地沉浸在那气氛中，迷失在那错综复杂的细节里。草甸在温暖的夏日空气中散发着泥土和植物的香气；风抚摸草地；蚂蚁或甲虫在地面上蹿动；枝叶互相交错。我能体会到一切事物都在以各自的不同尺度运行着，从在我眼前的视野中展现出来的错综复杂的、微型相互依存的世界开始展开，然后增加千倍甚至更多，以充满整个场地。

对页图　欧洲山萝卜（*Knautia arvensis*），伴有较小的银鳞茅（*Briza minor*）。

左图　成为更大系统的一部分的那种身临其境、无所不包的感觉常常使"自然"与"花园"之间有所不同。

花园与自然（Garden vs nature）

自然界中的这些经历给我一种从未在花园、公园或其他类型的人工景观中体验过的感觉，无论那些人造景观多么著名或具有历史意义。这是一种很强烈的感觉：振奋、快乐。但这种感觉不仅存在于具有沉浸感的、或者带来多重感官体验的植物景观中，特别是富有戏剧性的植物景观更能强化那种情感上的体验。美好的经历，强大并且与几乎难以形容的美有关——对我而言，这总是与令人瞩目的盛花景观和富有节奏感、韵律感的形式重复的景观相关联。我们将在本书的后面部分对此进行详细介绍。

我不信奉宗教，但是这些感觉在现代意义上可以被认为是"精神上的"。丹麦景观设计师詹斯·詹森（Jens Jensen，1860—1951年）移居美国并创作出了一系列作品，其作品取材于美国中西部景观与生态的丰富性和多样性，并在他富有诗意和启发性的著作《筛分》中（Siftings，1939年）写道："在一年四季中，（自然）都会以各种不同的心情带给我们无限的信息。在原始的深处，隐藏着生命意义和无限意义的秘密。这是一股隐藏的创造力"。

这句话引起了我的共鸣，因为我确实感到我们所有人都在"原始的"地方蕴藏着这种埋藏却又直觉的创造力，并可以通过在自然般的地方进行有力的体验来释放这些创造力。作为一名设计师，我所做的很多事情都是为了创造自然般的强大体验，从而有可能释放这种隐藏的力量。对具有崇高元素的经历需要是强大的、提升的和振奋的，因为那种隐藏的力量、那些强烈的情感常常被深深地掩盖。而且这些力量通常像孩子一样——可能不老练、直觉，并且随着成人人生和社会责任消失。但是我们可以解锁它们，这就是本书的全部内容。这就是本书第一句话的意思：我们与自然紧密相连。我已经看到这种人类反应一次又一次地被"夸张的自然"解锁。就像对设计的景观没有其他反应一样，其具有强烈的情绪化和高度参与性。实际上，我想说的是，人们对本书所讨论的种植类型的反应代表了在设计环境中可能发生的最终情感互动，这是因为它可以联系到本书第一段中的另一点——它触及到我们内心深处的根本。

大自然的阶段（The stages of nature）

您可能熟悉亚伯拉罕·马斯洛（Abraham Maslow）著名的心理学"需求层次"金字塔模型。这描述了人们激发实现个人成就的潜力，并提出只有首先达到基本的水平才有可能达到金字塔的更高水平；换句话说，您需要在做到更高层次之前打好基础。只有实现所有其他要素，才有可能实现"自我实现"的最终目标。特别是，除非满足基本的生存、安全和保障需求，否则不会有创意出现。我建议我们可以完全相同的方式真正实现自然主义种植。在达到最高响应水平之前，我们必须经历相同的过程——我已经描述为原始的情感响应。它与"自我实现"处于同一个等级，并且您无法直接让人们进入那个等级。仅通过自然主义的种植"填补空间"无法引起这种情绪上的共鸣，并且肯定也不是仅仅因为使用了看起来似乎野生而随意的材料而引起的。

因此，让我们看一下专门针对自然种植设计量身定制的金字塔版本。

在金字塔的底部，我保留了原始模型的基本心理和安全需求类别。我称它们为"基本框架需求"，它们都是关于在其中进行自然主义种植的环境条件，也就是种植的外部条件。这些是使人们感到舒适并接受一定程度的野性的设计因素。其中包括琼·纳索尔（Joan Nassauer）在1995年的开创性论文《混乱的生态系统，有序的框架》（*Messy Ecosystems, Orderly Frames*）中描述的经典"关怀暗示"（*cues to care*）。例如，一条小路边的野花草地边缘上整齐的割草带就暗示着人的关怀维护。但是，这不仅限于此，还意味着创造一种我们渴望的亲密感、秩序感和控制感，就像我们渴望为自然主义体验设立的环境条件一样，这类似于我们先前所看到的"庇护"观点。在某些方面，这是一种古老的模式，描述了房屋周围经典花园序列的形式和秩序，逐渐向远处过渡为形式不那么正式甚至荒野的景观。这是一次身体、心理和情感上的旅程，逐步为各种体验做好准备。

为了与我一直在谈论的情感体验充分结合，将其设置在某种

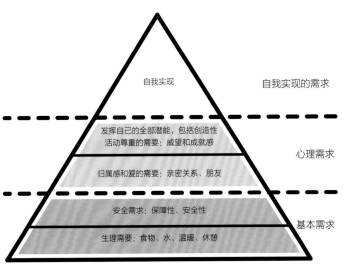

马斯洛（Maslow）的"需求层次"模型

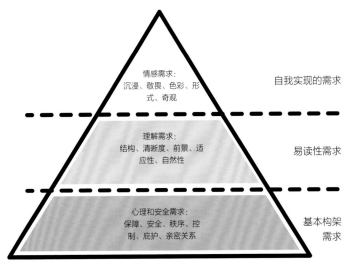

马斯洛（Maslow）模型的修改版，提出了成功的自然主义种植设计的需求层次

形式的"安全"框架内非常重要。"壮丽"是一种18世纪的表达方式，代表着高度兴奋、令人敬畏的自然经历，但人们始终清楚地表明，只有从安全的位置上才能承受这种经历。例如，从安全的观景台上看时，穿过峡谷底部咆哮的大河景色可能令人振奋，但如果您从峡谷的侧面跌落并悬在空中一棵摇摇欲坠的树上，开裂的树根决定您是生还是跌入深渊时，那一切就完全不同了！

其上的一个层次是我所描述的易读性或理解需求。与较低层次的基本需求不同，这些需求关注的是实际种植本身的细节——它们在种植内部，而不是外部。再次我们必须超越仅用外观具有野性的植物填充空间的想法。易读性是为了确保清晰度，并确保使人一目了然地了解种植的关键要素。种植必须有一个可识别的内部组织，才能在此模型中充分发挥作用：其必须结构化，而不是采用自由形式。这可能与植物的形状、质感或颜色有关，并且会涉及一定程度的节奏和重复性，因此必须使此金字塔中的这一层需求得到满足才能做出正确的种植。

顶图　在这里，从一个视角欣赏落基山脉的壮丽景色使我感到非常安全和敬畏。如果我指尖攀住悬崖吊在空中看，那将是完全不同的感觉。

上图　以类似的方式，通过整洁的边缘和增添的色彩使谢菲尔德的商业园区内不规则式的草地显得不那么随意。

我在这里也要提到"适合度"的概念，这就是生态敏感性所在之处：植被适合当地环境，在生态上与当地环境保持一致。在谈到这一点时，我需要强调，此模型旨在为了适合没有深厚的生态知识的人使用，因此，不一定要对特定植物群落的适生植物有详细的了解。这可能是一种正确和兼容的直觉——一种内在的生态智慧。从相似的栖息地或环境条件中选择植物通常会使它们具有相似的适应性，这反过来又会使整个植物具有视觉连贯性。在这个层次上，"自然"的本质也应运而生：通过种植的总体特征和各元素的搭配去避免机械僵化。

能使自然主义种植赏心悦目并提升到情感满足的最高水平的因素是人为的艺术附加元素。例如，对我来说，在自然主义方法中考虑使用一些颜色和种植形式，并在令人兴奋的自然自发性中结合一些更传统的种植设计方式，可以达到最大的美学效益。这不是革命，那会抛弃了过去的一切；这是进化，融合了世界上最好的东西。另一个重要的方面是通过沉浸感，从被动的景观

或花园体验转变为主动的体验——这是我们在本书下一部分中将要更多介绍的内容。但我也列出了"奇观和赞叹"等词语。这些词语是对"壮丽"的回应，并说到了强化自然（nature-enhanced）理念的核心：夸张的效果、大胆的设计以及对植物组成的精准选择。

上图　在位于巴比肯的欧亚草原风种植中，生长在干燥浅土层中的耐旱草类和草花通过植物叶子的灰蓝颜色形成视觉连贯性。
设计　奈杰尔·丁奈特

缀花草地的故事 （The Pictorial Meadows story）

　　这种种植方式可以唤起出强烈的情感反应，我最初体验这种强烈反应的巨大潜力是通过将缀花草地应用于城市中——这是一个从很小的起点发展到最终成为2012年伦敦英女王伊丽莎白二世奥林匹克公园的支柱的过程。

　　作为表达"强化自然"理念的一种方式，我提出了缀花草地的概念。 它们的目标是：在非常城市化人工设计环境和有干扰的场地，创造一种最大化的草地！ 在草地上回荡着浪漫的歌声，上面开满了鲜花，蝴蝶和蜜蜂在飞舞，到处生机盎然。 它的美丽几乎使人叹服，而且给予人一种与自然协调而非自然对立的感觉； 并在很长一段时间内持续给予人这种感觉。 这一切都是关于草地外观和感受的创造——草地的美——基于对颜色、层次和结构的考虑以强烈的方式进行创造。

　　最初，这些一年生植物或多年生植物的混合草地被开发出来，以创造出可靠的草地来应对具挑战性的场所——不仅项目本身有挑战，而且对社会也富有挑战性。它们通常被用于废弃和空置地块，在建设开发开始之前作为临时填充物使用在"荒地"上，然后再进行建筑开发，并沿高速公路边缘或中心保护区使用。 多年后，草地突然出现在意想不到的场所：居民区、空隙地带、游乐区，这意味着人们每天都大量接触草地，不必特意去参观花园或公园。这是很重要的一点，在这里人们别无选择，只能与可能具有各种环境和经济效益的自然景观共存，这些景观看起来也很美观。它们不止需要环境的可持续发展，也需要在社会方面可持续发展。

本页图　最初，缀花草地种子混合物是为这样的城市环境开发的，比如住宅区、废弃土地、高速公路和公园。
种子混合设计　奈杰尔·丁奈特

上图　设计师和家庭园丁很快开始广泛使用缀花草地种子混合物。
种子混合设计　奈杰尔·丁奈特

　　我最初怀疑这些开满鲜花的草地因为位于富挑战性的场地，会被破坏甚至毁掉，然而它们的强健度，以及当地社区如何对它们形成一种真正的主人翁感让我惊讶。狗在草地上的活动可能会使局部变得有些平坦，孩子们跑来跑去可能会形成步道，但根据我的经验，草地具有典型的捷径欲望线特征，人们倾向于坚持走固定的捷径，而不是践踏整个草地。 真正令我震惊的是，这些生机勃勃、色彩缤纷的草地使各个年龄段的人们都产生了一种几乎无法抗拒的渴望——由于草地的色彩、鲜花以及多得惊人的数量，所以他们想近距离体验。 是的，有的人会采花——有时是成束的。 对此我一直持放松的态度，并将其视为一种"积极的破坏行为" ——一种与自然的接触，人们现在几乎已经失去了这种接触。

伦敦奥林匹克公园草地
（The London Olympic Park Meadows）

在谢菲尔德的一系列城市环境中，我看到人们对色彩斑斓的"缀花草地"的反应，我写了很多相关的文章，并在众多媒体上做了专题报道。但在2012年，当这些草地成为伦敦奥林匹克公园的中心景观之一时，公众的反应完全超过了我的预期。詹姆斯·希契莫夫和我本人非常荣幸能被任命为奥林匹克公园的主要园艺和种植设计顾问，与景观设计团队LDA design及Hargreaves Associates合作。我们之所以被接纳，是因为奥林匹克公园负责人约翰·霍普金斯（John Hopkins）了解我们的工作，并希望使之成为公园的标志性景观。整个公园是园艺和景观设计的未来宣言，而不是一个回顾过去的庆祝活动。

公园内最大的一年生草甸环绕着奥林匹克主体育场，并沿主游客广场排成一列。它们是游客进入公园时遇到的第一个景观元素：从停车场和火车站出发的步行路线穿过它们，通往体育场的主通道桥也从它们上面穿过。这是一次真正的身临其境的体验，

成为公园的象征。绵延超过1千米（2/3英里）的茂盛草地可能是600万游客中的绝大多数人首次接触到色彩斑斓的自然主义景观设计。我为奥林匹克公园设计了几种新的以颜色为主题的草地混合种植，包括在整个比赛期间都闪耀着黄色、橙色和金色的"奥林匹克金草地"。公众看后非常激动；即使到了多年后的今天，人们也经常提到草地给他们留下的持久印象。我们甚至不得不在草地上创建特殊的摄影区，这样人们就可以在充满生机的鲜花中拍照了。

下图 公众对奥林匹克公园草地的反应是惊人的——对于大多数人来说，这将是他们第一次接触到花朵丰富、色彩鲜艳的自然主义景观。

背面图 我专门为伦敦奥林匹克公园设计了这些草地种子混合物，以创造环绕主体育场的"奥林匹克金草地"。草地在初夏开始呈现为橙色和蓝色，几周后变成了金色和黄色。

本页　斯塔福德郡特伦姆花园（Trentham Gardens）的一年生开花植物缀花草地。这些草地充满了公园内树木下的空间，春季播种，整个夏季和秋季都会开花。
设计　奈杰尔·邓内特和特伦姆团队

背页　特伦姆一片缀花草地上闪闪发光的细节，罂粟花、矢车菊杂交种、白色的大阿米芹（Ammi majus）。这里所有的绿色都是较晚开花的植物的叶子，它们会向上生长，盖过较早开花的植物。
设计　奈杰尔·丁奈特

42-43页　我最喜欢的一种缀花草地种子混合物是"粉彩"（Pastel），一开始是泡沫状的粉红色和白色，到了秋天，就变成了引人注目的大波斯菊花田。
设计　奈杰尔·丁奈特

中国（China）

关于我们对花朵、色彩和自然主义体验的亲和力是后天习得的还是天生的，一直存在很多争论。我认为，到现在为止，您已经意识到我支持哪一方面的论点了！这种亲和力的广泛性是我在中国的草地寻踪之旅中领悟到的。我们在云南香格里拉地区的偏远山谷中寻找残存的古老干草草甸。正如在西方发生的情况一样，由于提高农业生产力，这些古老的草甸大部分都被破坏了；它们被翻耕、排水和重新播种。但是一些美丽的碎片仍然留在人迹罕至或难以耕种的地区。在一个这样的山谷中，极目望去都是"改良"的草场，在一片沼泽地上还留着一片五颜六色的草甸，上面满是野生的报春花。一群群当地的农场工人坐在花丛中野餐，他们的孩子在花丛中跑来跑去。整个山谷里没有别的地方发生过这种事。令我吃惊的是，我在建植了缀花草地的谢菲尔德住宅区和绿地上也看到完全一样的情境，而这里也有着一样的景象，就如同镜像——就实际距离来说，它们相隔数千英里，而就文化而言，是不同的世界。

上图和下图　中国农村，农民家庭聚集在一片鲜花盛开的草地上。

试验期（An experimental period）

由于我逐渐意识到植物在野外是如何一起生长的，以及在花园里看到它们越来越令人不满意的使用方式，我开始尝试不同的植物配植方式。让我父母后悔的是，他们让我在花园里到处玩耍，开发花园并创造新的种植面积。这在当时对我来说似乎是革命性的，但是我摆出了一张新的花坛，将植物布置成散落的个体，而不是成块或成行，像拼图游戏一样建植了整个种植。现在这仍然是我的工作方式，但是在18或19岁的时候，这就像在黑暗中摸索着自己的路，我走向了一条不同的园艺道路。

然而，在我没有意识到的情况下，我开始做的真正有意义的事情，就是结合人为设计的植物群落进行工作。在肯特郡绿树成荫的林地中，我对这些树林经营系统的动态产生了浓厚的兴趣：榛子（*Corylus avellana*）和甜栗树（*Castanea sativa*）被回剪到地面后会重新喷发出许多新的嫩芽；当树冠被移除时，当光和温度到达地面，草本植物的生长就会有一个高潮——一部分来自埋藏的休眠种子，但也来自于多年生植物，这些植物在凉

回剪后的树木"根株"。

爽的树荫下缓慢地生长，在新的光照充足条件下释放出开花的能量。但慢慢地，随着岁月的流逝，多杆树长高了，产生了更多的树荫，直到最终再次形成了树冠，所有的植物都被抑制在地面高度，直到下一次林地矮化修剪后再次生长。这种光明与黑暗、温暖与凉爽、草木与木本的反复循环，实际上更像是随着时间的流逝而上升和下降的波浪，随着系统的发展而变化。

因此，我创建了自己的小灌木林区。我将小榛树以约1m间距种植，并在它们下面种了天然野花，例如樱草花（*Primula vulgaris*）、峨参（*Anthriscus sylvestris*）、紫罗兰（*Viola odorata*）和白玉草（*Silene vulgaris*）。但我也把一些从花园其他地方带回来的东西放了进去：一些五颜六色的杂交多花报春（*Primula polyantha*）、欧耧斗菜（*Aquilegia vulgaris*）杂交种、欧亚香花芥（*Hesperis matronalis*）和诚实花（*Lunaria biennis*）。这些都是非本地植物或本地植物的园艺品种，然后我每三年左右回剪榛子。我这样做是为了研究一种不同的、更生态的方法来创造和管理长有多年生地被植物的灌木地。但不经意间，我找到一条我一直坚持到今天的道路：创建设计的植物群落；将适合相同生态条件的原生植物与非原生植物混合，以最大限度地提高视觉吸引力；使用不同的层次，尽可能长时间地延长视觉吸引力；和动态的、不断变化的系统结合工作。当然，在那时（20世纪80年代），我不会用这些术语来形容，而且我不知道荷兰和德国正在开展的运动与我的想法非常吻合。

修剪后的树木重新长出小树苗，长满野花。

北美洲（North America）

20世纪80年代末，我非常幸运地获得了美国园艺俱乐部/英语联盟园艺交流奖学金，并在北卡罗莱纳州立大学罗利分校（North Carolina State University, Raleigh）度过了一年半的美好时光。表面上我在那里做了一年的研究生学习，但我花了大部分的时间在美国的东海岸旅行，参观花园、国家公园和其他自然区域。当时对美国园艺来说是一个激动人心的时代——所谓的"新美国花园"运动正在进行，它摒弃了欧洲风格的高维护性花园的主导地位，并从当地的景观和植物中寻找灵感，拥抱一种更具生态性的思维方式。激进的种植理念来自于蓬勃发展的本土植物景观，而我在很大程度上接受了这一点。

这是我第一次看到这么多我已经熟悉的英国花园植物在它们的自然栖息地野生生长。我参加了很多次公路旅行，其中很多都是和我指定的导师劳斯顿（J.C.Raulston）教授一起进行的，他一直被称为JC，是美国著名的园艺家之一。他当时的任务是试验并种植适合美国东南部恶劣气候的新植物，以极大地扩大种植景观的多样性。JC的课程排得满满当当，他是激励一代又一代学生的学者之一。我从我和JC的经历中学到了两件事，从那以后，它们一直陪伴着我。首先，JC认为他的职责是在大学的研究和业内人士之间建立直接的联系，所以他会花很多时间与苗圃种植者和庭园设计师一起工作，努力做出真正的改变。他还在美国各地的专业和业余园艺会议上发言，并为许多园艺杂志撰稿。这是我试图模仿的事情——尽可能多而广泛地分享，与实地工作人员合作，展示而不仅仅是谈论。

我从JC那里得到的第二个启发是"能干"精神。一个闷热潮湿的夏天，我在北卡罗来纳州立大学的植物园(现为JC Raulston植物园)实习，并与伊迪丝·埃德尔曼(Edith Edelman)一起工作。埃德尔曼是一名花园设计师，也是那里多年生花境的志愿管理员，该花境是她自己设计的，长100m，宽6m，伊迪丝（Edith）用格特鲁德·杰基尔（Gertrude Jekyll）的色彩概念构思而成，从每一端的冷颜色开始，在中间形成热烈的颜色。但与格特鲁德·杰基尔设计的相似之处仅此而已。伊迪丝用了很大的野生植物，大胆的叶子，巨大的草——毫无保留地表现了一种不羁的态度，没有像我习惯的英国草本花境的整齐、维护完好的多年生植物。这几乎是无政府状态，而且变得更加极端！所有的东西，像枯萎失色的茎和种籽穗都被留下来过冬，除了这些没有色彩的枯枝，伊迪丝会在一些直立的植物上喷漆，向最黑暗的日子引入颜色。伊迪丝曾向JC提到要制作这种巨大的、梦幻般的、不和谐的多年生花境的想法，他的第一反应是，

沿着北卡罗来纳蓝岭公园大道生长的一种林地下层植物金光菊（*Rudbeckia laciniata*）。

好吧——去做吧！从那以后，我一直在寻找"伟大的想法"，并尽我所能避免在花园和植物设计中的胆怯、只思考安全和半途而废。

谢菲尔德大学（Sheffield University）

从美国回到英国后，我继续在谢菲尔德大学攻读博士学位。我回到纯植物生态学的世界，研究天然草甸植被的长期动态。我参加了世界上历时最长的定期监测生态实验——毕伯里路边缘（Bibury Road Verges）。自1958年以来，作为试验的一部分，每年对科茨沃尔德的这些路边草地进行监测，以确定控制草生长的不同化学物质（代替割草）的影响。但是"对照"地块从未得到过任何处理，而这些正是我所关注的。那是在1990年代初期，人们开始认真讨论气候变化问题，其想法是通过比较过去45年左右的天气状况以及这段时间里植物对气候变化的反应来对未来做出预测。我的博士生导师是菲利普·格里姆（Phil Grime）教授，他设计了"种植策略理论"，这是世界领先的植物生态学理论之一。它有助于解释植物是如何在群落中共存，并将重点从把植物群落看作是单个物种的列表，转移到考虑由不同功能类型组成的群落。换句话说，它不是考虑植物是什么，而是考虑植物的功能。这是看待植物群落的一种非常不同的方式，它极大地启发了我的思考。

在格洛斯特郡比伯里宽阔的马路边上的黄花九轮草（*Primula veris*）。在我攻读博士学位期间，我研究了这些植物在40年间的长期动态记录。

不管这项工作具体成果如何，在博士生研究中参与一项长期研究，每年都要测量永久性标记地块中所有植物的数量和大小，这对我产生了很大的影响：它教会了我要有长远的眼光，让我对植物动态有了真正的了解。我不得不无休止地钻研高高的草地植被，并且真正了解了草原中的不同层次——乍一看似乎是大量的草木和花卉，实际上是垂直分层的，就像森林一样，只是规模很小。它也告诉我，随着时间的推移，实际的植物组成和数量可能会发生很大的变化，但植物群落仍然保持着相同的特性和感觉。年复一年，植被可能会大不相同，这取决于天气和极端事件，但大部分的植被仍然相对相似；我学会了不必担心短期波动，并接受自然主义的种植在不断变化，不同的植物来回波动，就像我先前观察到的小灌木林系统一样。

谢菲尔德流派（The Sheffield School）

1995年，当我完成博士学位时，在谢菲尔德大学的景观设计系获得了一次讲学的机会，向景观设计专业的学生教授生态学和种植设计。从很多方面来说，这是我梦寐以求的工作，所以我申请并得到了它。由于命运的安排，一年后，詹姆斯·希契莫夫也被任命到这个部门。我认为在英国大学工作的人中只有我们两个人有类似的想法，都是同样精通生态和园艺的世界，尽管我们两个事先都不认识对方，但是我们两个最终在同一个地方工作，这是非常偶然的。詹姆斯在来到谢菲尔德之前曾在澳大利亚的学术界工作过，然后在苏格兰短暂工作过，后来又来到谢菲尔德，

但他已经很好地融入了新兴的新宿根植物运用，而我在这个国际网络中只是个新手。詹姆斯接受过园艺培训，但凭借实践经验进入生态学领域，而我正好相反——受过专业培训的生态学家，但从事的是园艺活动。因此，我们在同一个领域趋同，但却带来了不同的视角。

在英国公园和绿地的公共景观条件变得极其困难的时候，伴随着严重的财政削减和园艺技能的流失，导致许多高质量的园艺消失。詹姆斯和我一起为公园和花园设计了一系列不同的以生态为导向的种植类型，作为传统高维护强度园艺的替代品——我们开发了一套备选方案，并在我们之间划分了重点领域，但都遵循一套共同的原则。我们提出的方案与以前的"城市绿化"理念完全不同，我们没有把生态的纯洁性放在第一位，而是首先关注种植的外观和效果。其次，我们不受乡土植物总是优于非乡土植物的僵化哲学的束缚，并且在我们的自然主义方案中自由地将它们混合在一起。此外，我们采取了新的多年生植物运用中常见的一种方法：我们假设园艺技能可能无法用于精细养护，并且养护预算可能极其有限。例如，这与德国的许多方法形成了鲜明的对比，德国的方法虽然看起来很生态，但实际上不仅需要高强度养护，还需要大量的知识。

作者（左）和詹姆斯·希契莫夫合影

高影响力、低投入的种植
（High-impact, low-input planting）

实际上，我们正在推广一种花园和景观种植方法，它是高度可持续的，同时非常美丽。我们的工作方式被（其他人）称为种植设计的"谢菲尔德流派"。我将其定义为"高影响力，低投入"。我们所做的工作（并仍在做）遵循许多指导原则：

●创造极富魅力的视觉效果，并具有很高的公众吸引力。

●提供全年的视觉乐趣。

●色彩丰富、令人振奋。

●具有较高的野生动物和生物多样性价值。

●低资源投入，如水、肥料和时间。

●使用简单、粗放的维护技术，更类似于自然保护，而不是园艺——干草草地的修剪、矮化。

我们的想法是设计功能正常的植物群落，其工作方式与自然界中植物群落的工作方式相同，但它们是人造的，并不一定和野生的植物群落一样。但是，它们必须适合现场的生态条件。我们通过种植、播种以及两者的结合实现了这一目标。

为了结束这段相当自传体的部分，我必须提到另一个主要影响我工作方式的事情。当我开始在谢菲尔德大学景观系工作时，我被邀请做的第一件事就是去荷兰的公园和花园进行一次研究生学习之旅。其中一个景点乍一看是阿姆斯特丹郊区阿姆斯特尔文的一个相当不起眼的小公园，有一些非常低调的入口，从一个富裕社区的一条街道进入。我对里面的一切毫无准备：一个由水、林地、荒原和草地组成的完整的世界，重新创建于原来的牧场上。正是在这里，我不仅意识到了"创造自然"的力量，而且意识到了超越它、夸大它的重要性，和以绘画的方式以及纯粹的生态方式进行思考的重要性。

萨里市英国皇家园艺学会威斯利花园的一片播种的草原草地。
种植设计　詹姆斯·希契莫夫

案例研究：阿姆斯特尔芬海姆公园

对于如何看待自然感染力是要取决于您的观点，可以是园林和景观设计艺术的最高表达，也可以是一种需要极少想象力没有创意的情感追求。当然，如您所料，我加入了前者的思想流派。对我而言，这里的关键词是"唤起"：将能够激发人们强烈情感反应的元素组合在一起，因为它们传达了在美丽的自然环境中获得的解放。不仅复制这些自然模型，还需增强其本质，从而增强其美学吸引力。

设计自然的最佳典范位于荷兰阿姆斯特丹郊区的阿姆斯特尔芬（Amstelveen）街区。公园和社区空间形成了相互联系的绿色网络，所有网络均按照荷兰"海姆公园"（Heem Park）的原则进行设计。"Heem"意为栖息地或家园，起源于1920年代，当时作为教育场所，人们在那里为由于农业技术的变化而迅速消失的野生花卉提供庇护。大多数城镇都有自己的海姆公园，它是一个社区植物园，学童和成人都可以在这里欣赏乡村天然植物的丰富性。多年来海姆公园的重点已经发生了变化，如今许多海姆公园已被视为极其美丽的地方，而不仅仅是教育性植物收集场所。在阿姆斯特尔芬将美丽表达最充分，那里最著名的海姆公园是杰克·蒂斯公园（Jac P Thijssepark）。这些阿姆斯特尔芬自然公园和花园的真正非凡之处在于它们都是人造的，都是在

20世纪中叶由农业用地（田野和圩田）建设而成。设计原则非常明确：没有任何传统设计特征；没有远景或焦点、极少直线或角。取而代之的是公园建立在神秘的概念之上的，使用蜿蜒的曲径引导您发现拐角处的事物。这些小径具有极大的体验性，可带您穿过草地、荒地和林地，并穿越行人天桥，穿过水塘、水道和沟渠。

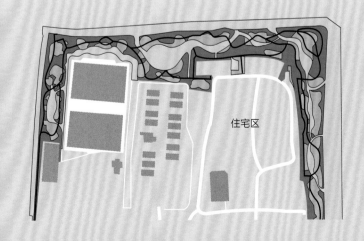

左图　杰克·蒂斯公园的平面图，展示了如何通过蜿蜒的小径相连并环绕住宅区周围的水体（蓝色）、林地（深紫色）和草地（浅紫色）。

上图　公园中的一条水道，两旁种着欧洲桤木（*Alnus glutinosa*），并其下种植了常绿的细垂薹草（*Carex pendula*）。

生动的植物景观（Pictorial planting）

　　尽管阿姆斯特尔芬海姆公园的植物几乎完全是本地的，但是并没有特别尝试去复制野生植物群落。 相反，其目的是使用野花来创建大规模且令人振奋的植物图画。这种绘画般的方法对我非常有影响力，这激发了"缀花草地"的想法。在春天，欧报春（*Primula vulgaris*）、栎木银莲花（*Anemone nemorosa*）、密花紫堇（*Corydalis solida*）和许多其他林地的美景伸向远方。此时公园是最动人的，尤其是在4月，这些阴凉的区域效果达到了顶峰。

　　尽管这些植物非常壮观，但该园艺方法的一个重要原则是使用的大多数植物应是人们熟悉的，并着重于细微之处，而不是尝试创建一个持续且令人疲倦的"哇因子"。一个基本的思想是"魔力"：通过复杂的小尺度细节吸引人们的注意力。

池塘边缘种植着大量的驴蹄草（*Caltha palustris*）。一丛丛欧紫萁（*Osmunda regalis*）高大挺立。它们在春季迅速长起卷曲嫩梢，增加迷人的趣味性，在夏季，它们庞大的体量使湿润地区有了大尺度的结构，而在最冷的月份其倒伏的棕色叶子都保持原状。沼生大戟（*Euphorbia palustris*）是湿地的另一种常见植物，在这里生长得如此旺盛，有着橙色的木质茎以至于冬季看起来像灌木一样。

荷兰现代派（Dutch modernism）

虽然主要的蜿蜒步道贯穿更广阔的景观，但在某些地方，也有可能在种植中找到更多私密的步道。这些方形水洗石小路沿着不规则的线路，使您远离主路，穿过行人天桥，然后再次回到主路。居住在荷兰的花园设计师凯莉·普雷斯顿（Carrie Preston）告诉我，这种在设计中使用现代功能性材料的做法是1950年代荷兰现代派的例子。与世界上其他大部分地区不同，在荷兰，园艺设计和景观设计的现代派与园艺的极简主义实践无关，因此，这些材料与种植的多样性相得益彰。

对页底图　在桦树人工林下，用高报春（*Primula elatoir*）、香堇菜（*Viola odorata*）和大花铃兰（*Convallaria major*）做的富有趣味性的"定植"。

上图　欧柴萁（*Osmunda regalis*），在春天长高，在湖边周围呈大胆的块状。

左上图　蜿蜒的现代混凝土砖穿过自然种植。

左下图　狭窄的节点可在"开放"和"封闭"空间之间产生变化感，这是阿姆斯特尔芬公园的特色之一。

理解当代自然主义

　　花园和景观设计的整个历史可以被提炼为：就我们与自然的亲密关系而言，支持野生哲学还是反对之间的争论。或换而言之：花园的无尽张力是自然的表达，还是花园是对于控制自然的明确表达之间的争论。这通常被称为"自然–文化"鸿沟，并且用非常简单的术语来说，它被视为规则、明显的几何及有序设计与不规则及浪漫的设计之间非黑即白的选择。

　　也许在更深层次上，我们可以将其视为自然世界的两种截然不同的观点之间的对比。一种认为自然是野蛮、有威胁、危险和不安全的事物；另一种将其视为良性、神秘和无限美的来源。

控制自然

我们所知道的最早的花园是前一类花园，这些花园是封闭的区域，可促进遮蔽和保护、文明的价值观和有序的耕作，相对的是野蛮荒野。例如，中国的园林传统是基于有围墙的空间，这些空间是从外部景观开辟出来，可以在其中进行精致和高雅的活动。在内容上，它们是理想自然景观的高度程式化表达形式，其中消除了自然界的所有粗糙棱角，一切宁静而简单。它们通常很漂亮，但可以说是干净且安全的。同样，在西方的中世纪修道院花园中，封闭式花园是规则式的围墙围合空间，用于生产或精神更新，再次代表了文明与围墙外野性之间的对比——充满邪恶和危险精神的恐怖旷野。

尽管如此，中世纪花园的一个共同特征是"鲜花草地"（flowery mead）——花朵丰富的草地或草坪区，这是通过在现有的草地上高密度种植野花和简单栽培的开花植物而形成的。这在本书的上下文中显得非常有趣，因为它代表了一种理想化的自然——多彩而芬芳的草地混合种植，但整齐、短小，并去除了所有的粗糙成分和杂草。实际上，这是"强化自然"概念非常早期的例子。看到这些类型花园的不同描绘方式也很有趣。封闭式花园是一个充满辛劳的地方，园丁们忙于保持必要的秩序和控制，而使用中的鲜花草地上的景象似乎是肆意而颓废的。人们在花丛中放松、用餐和喝酒。在严谨的规则式的种植床上的那种生产性的和严肃的清教徒般的景象与鲜花草地上奔放的自由精神之间形成了鲜明的对比，这与我修改的马斯洛"需求层次"金字塔模型中提出的想法非常相似。

几个世纪以来，这种对待自然的态度像钟摆来回摆动。您可能会认为，作为本书的读者，并且可能是一个对以与自然相适应的方式处理花园和地貌至少感兴趣的人，您可能会免受反野生思维的影响。但是，即使在受生态启发的设计领域，人们的态度也存在相似的对比。有"良好的自然"，结构合理、多样化，易于理解且具有吸引力；也有坏的自然，杂草丛生、杂乱无章、多样性低。归根结底，关于自然理念是什么完全在于你的想法。

虽然在这里不适合深入探讨花园设计史，但我认为有两个运动与当前认为的什么是"好"的设计自然观点非常相关，而且对自然的情感反应核心是本书的基石。所以值得做个简要的回顾，因为在很大程度上是这些运动将我们引向了现在的观点。

纵观整个花园历史，采用规则的几何、直线、角度、远景和焦点以及严格控制方面都有悠久的传统，在格雷维提庄园（Gravetye Manor）（上图），皮特梅登花园（Pitmedden）（对页下图）和特伦姆花园（前页）中可见一斑。

对页上图　查茨沃斯庄园的18世纪万能布朗（Capability Brown）公园代表了更为不规则和"自然"的传统，虽然形式不同但也都是人为设计的。

风景派 (The Picturesque)

　　用"阳光之下没有新事物"这句话来形容针对风景派思想的讨论和争辩非常恰切。风景派思想主导着18世纪末的英国景观运动，当时万能布朗风格（Capability Brown-style）的自然风光作为压倒一切的美学开始占主导地位。这些讨论和争论非常激烈，涉及到在花园和景观设计的语境下，自然到底意味着什么，如何更好地表现它，以及在营造代表"自然"的花园时，什么才是好的"品位"。我曾经在图书馆度过了一个令人着迷的夏天，从那时起就非常详细地研究原始文档，并对当时的观点与我们现在所进行的讨论有多么相似而感到震惊——除了今天有许多讨论是通过社交媒体进行这一点不同。相比之下，在18世纪末，学识渊博的先生们互相优雅地写着手写体，甚至互相写诗歌。但是，写来写去，回信和再回信就像今天在网上可以看到的一样生动、个性化，有时甚至是斗气的。

主要参与者包括汉弗莱·雷普顿（Humphrey Repton）、威廉·吉尔平（William Gilpin）、尤维达尔·普赖斯（Uvedale Price）和理查德·佩恩·奈特（Richard Payne Knight）。他们挑战了这样的想法，即理想化的布朗景观及其牧场、蜿蜒的湖泊、成群的树木和林地无论如何自然的都是平淡、无趣、无聊、安全、简单和可控制的。相反，他们提出自然应是粗糙、不规则、狂野、具有挑战性、不可预测且在情感上令人兴奋的。确实，这些想法的最初催化剂是埃德蒙·伯克（Edmund Burke）1757年出版的《关于我们崇高与美观念之根源的哲学探讨》（*A Philosophical Enquiry into the Origin of Our Ideas of the Sublime and Beautiful*），它提出了对山水的情感反应的级别范围，从舒适的、不受威胁的情感（这些情感来自"美丽"山水的柔和形式和曲线（典型的万能布朗风格英式景观风格）），到造成畏惧、恐惧和敬畏的极端情绪的原始自然的"壮丽（sublime）"景观——险峻的山脉、崩塌的瀑布、无法穿过的黑暗森林。"风景如画"一词的只说到了一半——粗糙、不规则的性质，但在非具威胁性的背景下——是对野性魅力的一种图画书式的、浪漫的视角。这自始至终是男性的讨论，毫不奇怪结果具有高度的性别特点："美"是温柔而曲线的，"美丽如画"和"壮丽"是崎岖而冒险的。但是关键是，这些态度仍然影响着当今的自然主义种植设计思想。

这有两个要素——其中一个对本书的哲学有帮助，而另一个则无益。前者的想法如定义的那样，风景派的风景、花园或植物是建立在美丽的自然"图片"的制作和框架上的。换句话说，这需要具有艺术技巧的构图，而且显然是人为设计的——有时是为了达到绘画效果而组合在一起，消除了不完美之处，而不是试图大肆复制自然风光、栖息地或植物群落。这种关于自然的绘画观

点（我倾向于使用这种观点）将园艺家、园丁或设计师与生态学家、生态恢复学家或自然保护主义者区分开来。

而后者是原始的风景派的观点，自然被视为一旦人们不进行控制便会自动出现的事物，因此许多风景派的想法都与浪漫的衰落和忽视感相关：倒塌的废墟被侵略性的野生动物占据，并对自然世界的小规模不规则细节着迷。结果，风景派的思想开始与乡村而感性的思维和工作方式联系在一起。重点关注繁琐的小尺度细节，并赞美乡村、过去和古朴的微妙衰败的景观。今天，我们仍然将其作为园艺和花园设计工作的基础。您只需要去切尔西花展（Chelsea Flower Show），就会一年又一年地看到风景派且质朴的自然主义植物与迷人的、"破旧的"工匠建筑结合在一起。浪漫主义和感性的结合似乎与自然外观紧密相连系。当然，这种观点对于前瞻性的思想或文脉，或者对于城市生活几乎无关，我的基本原则是我应该避免陷入那种乡村感性的陷阱。

值得一提的是，景观中的"壮丽"（sublime）是一个值得重新审视的想法。我要说的是，我所做的大部分工作都是创造"壮丽"的景观和花园体验。但仅当您以安全感为基础时才能够正确体会这种体验的力量，这种思想使我们再次回到修改后的马斯洛金字塔模型。

现代派（Modernism）

　　如果"风景派"的自然观念因其对流行和浪漫情感的天生吸引力而扎根，那么20世纪中叶的现代派就试图从景观和思维中清除这种情感，以产生纯净的、清晰的、基于逻辑、科学和理性思考的视角。不仅消除了任何乡村感，而且也减少了试图复制大自然中所有小规模细节和复杂性的尝试，因为那繁琐而混乱。现代派思想适应了城市生活，并期待着光明的技术未来。自然的随意性和混乱被简洁线条和强烈的秩序感所代替，极简主义往往是种植设计的指导原则。实际上，有种清晰的认知就是创建具有自然外观的景观（许多受自然启发的设计师的理想是最终成果应该像是看上去似乎根本没有经过设计）实际上并不是真正的设计，也不需要太多的创意技能。不幸的是，这种生态思维和设计创造力无法并存的现象一直持续到今天。

　　除了现代派的清教徒方法之外，还对抽象有机形式进行了丰富的探索，以此作为这种有序风格的基础。也许最著名的例子是北美景观设计师托马斯·丘奇（Thomas Church）的花园，该花园在他1955年的经典著作《花园为人》（*Gardens are for People*）中得到了支持。该花园和其他花园以草坪、游泳池和种植区的优美弯曲的变形虫形状为特征，图案以高度令人满意的方式交错，并产生了强烈的统一协调感。

　　在这里提到现代派似乎很奇怪，因为乍看之下它似乎与自然主义种植设计中许多特殊的东西背道而驰。但是，净化情感理念以及消除使生态设计实践成为离奇、土气和乡村风格的趋势是至关重要的，这使适应自然不止在拥挤城市中，也可以在郊区的地产中都能成为具有进步性的力量。例如"荷兰现代派"风格在自然主义种植中使用简单的混凝土砖，而不是乡村风格或天然材料。另一个重要的经验是，要消除对繁琐小尺度细节的过度依赖，以求清晰和大视野。最后，严格地选择设计元素（例如，只能根据形式或者功能选择需要包含的植物，而不是选择仅仅为了促进多样性的植物）是一个指导要点。

　　看起来很奇怪，浪漫的风景派观念和实践中客观的现代派在塑造我们现在认为是当代自然主义的一些主要要素方面都具有很大的影响力。

上图　在阿姆斯特尔芬的杰克·蒂斯公园中，方形混凝土骨料铺装的使用方式使自然主义种植方式体现出了现代派色彩。

　　　　　　　　　　　　　　　　　　　　　　　　　　　　　　　　　　　　　　　理解当代自然主义

当代自然主义的
三股流派

术语"自然主义种植设计"和"新多年生种植"随处可见，它们都是描述相同的事物，并且我们都理解。但是现实是，当代自然主义纯粹是一个笼统的术语。这是一个巨大且非常广泛的保护伞，涵盖了多种多样的方法和流派。

在这些方法中，每一种都有自己的设计术语和方法，以及表示植物配植的方式。其中有些方法可能非常技术性，有些又非常复杂，纯粹构成"自然主义"的内容却非常让人困惑。在本书中，我希望能理解这种混乱和复杂性，并提出一套共同的原则和概念，这些原则和概念构成了自然主义种植设计方法论的基础。

因此，在简短介绍背景和历史插曲之后，让我们回到当代自然主义的思想，并探讨风景如画和现代派之间思维差异如何影响这种多样性。

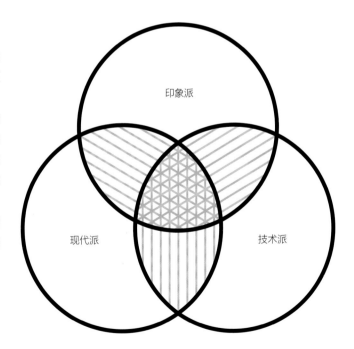

可以确定自然主义主要的三股流派，它们各有千秋，各具特色。当然，各股流派之间有很多重叠，但这使我们能够确定流派之间的主要区别。我把这三个各股流派称为：a）印象派自然主义、b）技术派自然主义、c）现代派自然主义。每股流派都有自己的优点，我喜欢把我认为每个流派中最好的元素集合在一起。

印象派自然主义（Impressionistic naturalism）

到目前为止，印象派自然主义是三股中最古老的一派，深深地嵌入了20世纪的种植设计中，可以说是浪漫风景派思想的直接传承。在这里，"野生花园"的现代观念得到了孕育，园艺和艺术开始融合在一起，不再将花园和风景中的植物种植视为生长的单个标本，而更多地将植物作为构成要素。我们在威廉·罗宾逊（William Robinson）的《野生花园》（*The Wild Garden*）（1870年）中首次发现了生态学思想（即使尚未发明生态学），他在其中提出了将粗放的多年生植物归化到现有草地、林地和湿地栖息地的方法。它体现了"适地适树"的概念，即植物生长在与自然栖息地相匹配的条件下。但这也引发了一个我一直在使用的颇有争议的想法，即"强化自然"的想法，在设计景观中采用看似低调的植被，并增加额外的物种以增加戏剧性或扩展展示内容。罗宾逊在普及种植运动中也起了重要作用，该运动反对规则的、多余的和人为的设计，取而代之的是受自然形态启发的更为轻松的方式。

但是，我们真正需要集中注意的人是格特鲁德·杰基尔（Gertrude Jekyll）（1843—1932年）。一个奇怪的说法是，许多激进的当代自然主义设计师宣称她代表了他们反对的一切。确实杰基尔的工作方式比我们现在采用的要僵化得多，在种植区明确定义了相同物种的种植块且较矮物种种在前面，高的植物种在后面形成高度层次，但是作为一个着迷于印象派画作的艺术家，她将关于色彩和光线的思想带入了园艺主导的种植世界。尽管她以相对正式的花境而闻名，但她深受威廉·罗宾逊的影响，她的作品中充满了她在曼斯特德·伍德（Munstead Wood）的住所周围矮林、林地、荒地和草地所启发的灵感。这是《树林与花园》（*Wood and Garden*）（1899年）中的一段文字：

山谷中的沼泽地在驴蹄草（*Caltha palustris*）的映衬下烂漫明艳；潮湿的草地上这种花很多，但是它们在我们山谷深处的赤杨沼泽林中最大、最帅气，这种甜美的大丛植物从池中的黑泥和水中升起。

　　她在花园中结合了周围景观的元素，例如在砂质荒地经常用到桦树、杜松和密刺蔷薇（Rosa spinosissima）。但是罗宾逊和杰基尔都是工艺美术运动的组成部分，因此通过传统乡村手工艺和自然种植的结合来强化浪漫而感性的乡村生活、传统工艺和乡村花园的混搭。

　　但是，关键在于杰基尔与印象派的联系，以及她将植物作为一种艺术媒介对待，以类似于印象派绘画中笔触的方式来使用植物构建一种抽象的构图，这种构图在色彩关系上非常有用。 它通常被称为绘画性的种植设计，而这也是一种极具图画意义的方法，在过去的一百年中已经成为英国大部分园林设计的缩影。

　　将这种组成元素组合在一起的关键要素是植物群丛（亦称植物社会）（plant association）的概念。也就是将植物巧妙地放置在一起，根据形式、颜色和纹理创建和谐或对比鲜明的视觉效果。这是标准的详细种植平面的基础。通过这种精心种植，单个植物或一组植物可以以经过推敲的和精确的方式彼此相邻配植，植物的创造力和艺术性得到了很大的发挥，尽管设计师采用了平面图来做设计，但园艺师和园丁们将更多地动手，实际地移动植物以达到令人满意的组合。

重要的是要了解刻意组合植物以达到预期结果的必要性，无论是针对植物个体还是群组，块状丛植或斑块组合（drifts）都很必要，因为它可以实现其他方法无法达到的精确结果。在处理颜色时尤其如此。其他两个自然主义种植方法较少依赖刻意的植物群丛，并且正如我们将要看到的，使用传统色彩理论或概念被认为是非常倒退的。但我不同意这个观点：如果将色彩与自然主义种植的其他原则一起详细考虑，则可以将设计提升到一个全新的水平。但是，当然，缺乏对生态相容性和动力学考虑的植物刻意巧妙的组合可能需要大量的技能才能产生真正的自发和自然的效果，随后需要进行高强度且高技能的维护以保持这种效果。

能延续印象派和高度艺术化的传统并将其与当代生态敏感性巧妙地结合在一起的当代设计师包括丹·皮尔森（Dan Pearson）、汤姆·斯图尔特·史密斯和莎拉·普莱斯（Sarah Price）。

顶图　汤姆·斯图尔特·史密斯私人花园中的庭院。

上图　位于特伦姆的意大利花园。
种植设计　汤姆·斯图尔特·史密斯

理解当代自然主义

技术派自然主义（Technocratic naturalism）

前述的印象派是基于艺术和经过研究过的植物组合和关系，以业余自然历史学家的眼光观察野生植物，而技术官派自然主义则截然不同，其方法论更加科学和技术化。其结果是如果与风景派相比，其更类似于现代派的思想，因为它拒绝了过去的规则，并表现出独特的非乡村的态度。

简而言之，技术派主义在当代自然主义种植设计方面更具有明显的德国传统，理查德·汉森（Richard Hansen）和弗雷德里希·斯塔尔（Freidrich Stahl）在出版了经典的《多年生植物及其园林栖息地》（*Perennials and their Garden Habitats*）【木材出版社（Timber Press），1993年】之后，在国际上具有广泛的影响力。然而，这不过是长期大胆使用野生多年生植物传统的最新表达，其自然主义配植是由卡尔·福斯特（Karl Foerster）和其他人在1920年代和30年代的开创的（请参阅第66页现代派自然主义）。但是正是由于汉森和斯塔尔的工作以及在1980年代和90年代在德国公共场所和花园节中自然种植的迅速发展，将这一概念带给了在德国以外的广大受众，并在应用中采用了严格的科学概念框架。

在设计和栽培环境下种植植物，最好的技术方法是将科学的生态学原理与园艺实践（如果您愿意的话，可以称为园艺生态学或生态园艺学）结合起来。官僚派自然主义不是对野外的植物或植物群落进行行业余观察，而是基于详细的科学测量、记录和实验以及将植物按不同生态类型的大量分类，以辅助进行设计。这种分类依据包括生长形式和习性、竞争力、植物作为单个孤立个体生长到蓬勃的大量无性繁殖（植物的社交能力），或它们来自自然栖息地的类型。

在这股流派中，有一种趋势是制定相对严格的种植设计规则和方法，其中有些极其复杂。例如，汉森和斯塔尔使用了"标本或结构植物"（构成种植的主要框架）的术语。"主题植物"（可随时形成主要的视觉印象）、"搭配植物或地被"（衬托主要的视觉展示）和"填充植物"（季节性植物，例如球茎植物或一年生植物提供的季节性短时间景观）。种植被设计为一系列层次以分布上述类型的植物，每种类型的种植分布都从结构植物开始，以填充植物结束。这种设计方法被重新设计了，并在托马斯·雷纳（Thomas Rainer）和克劳迪娅·韦斯特（Claudia West）的开创性著作《后野生世界中的种植》【木材出版社（Timber Press），2015年】中介绍给了所有新读者。但是，这其中的许多规则都是基于相当有限的植物群落类型，并且绝不是最终的效果，也不一定应被视为唯一的工作方式。例如，我们将在下一章中详细介绍的草甸群落，为进一步探索其他自然模型提供了广阔的空间。

许多技术派自然主义可以被描述为生物地理学，因为参考来自世界各地的植物群落（例如北美草原和欧亚草原）开展工作，并创建了这些植物群落的设计版本，且倾向于利用来自同一地理区域的物种（即使实际种植是在完全不同的国家或地区）。

顶图和上图 位于南约克郡罗瑟勒姆（Rotherham, South Yorkshire）的摩尔门克罗夫茨（Moorgate Crofts）商业中心的屋顶露台是采用"随机种植"方法种植的，没有具体的种植平面。
种植设计 奈杰尔·丁奈特

技术派自然主义种植平面很难解释且费时，这是当前随机种植理念如此盛行的原因之一。其认为，要实现真正自发和自然主义的效果，无需考虑配植单株植物的布局。取而代之的是，采用由精心挑选的物种组成的混合种植，这些物种在指定的生态条件下彼此相容，并且具有不同的物种比例，然后将它们随机种植在整个设计区域内。虽然像卡西亚·施密特（Cassian Schmidt）等许多设计师把重点都放在了通过使用容器苗形成的混合种植上，但完全相同的原理也适用于种子混合物的使用，在我的同事詹姆斯·希契莫夫在其2017年的《播种美丽》（Sowing Beauty）一书中全面解释了这一点。植物和种子混合物往往是大学研究人员独立或参与一起进行的大量科学工作的结果。

技术派方法的关键在于生态兼容性是植物选择的主要驱动力，并且采用天然或半天然"参照"植物群落作为其设计的基础。除了原有混合物中所包含的植物外，随机种植技术还无需考虑"植物群丛"的本质，并且无法进行细节配植。其结果确实是惊人的，充满活力和自发性，科学基础赋予了其可靠性。

此外，专注于营造设计好的植物群落意味着在这种情况下，种植设计中的一些"更巧妙"的元素被认为是无用的，也不是真正的考虑因素——它更多地是将生态上适合且兼容的植物放在一起，而不是使用例如更传统的色彩理论。确实，许多人会认为，

这些传统观念与"生态美学"无关，因为它有完全不同的规则和原理。在这种情况下，这种方法是现代派的，因为它有意识地对所接受的理念做出反应，干脆爽快，并且不关心单个植物组合如何通过细致而微妙的细节达到如画般的效果，而只是以最有效的方式实现纯粹的效果。但是，由于重点放在人工设计的植物群落上，倾向于用相同的植物填充大空间，所以难以将这些思想应用于较小的区域。用于植物选择主要考虑生态相容性，这可能导致不和谐的形式和颜色形成视觉混搭，这具体取决于您的想法。可以说，我和谢菲尔德流派的詹姆斯·希契莫夫的大部分工作都属于这一技术派的范畴。

上图　伦敦英国女王伊丽莎白二世奥林匹克公园的奇幻区是由经过设计的种子混合物建成的。
种植设计　奈杰尔·丁奈特

右上图　皇家园艺学会威斯利花园（RHS Wisley）的草原草甸是由设计好的种子混合物建成的。
种植设计　詹姆斯·希契莫夫

对页图　斯塔福德郡特伦姆花园（Trentham Gardens）的多年生草地也是通过随机种植的方法建植的，这种方法可以产生非常自发、自然的效果，在春季和秋季晚些时候可以看到如图效果。
种植设计　奈杰尔·丁奈特

现代派自然主义（Modernistic naturalism）

我注意到，现代派为了纯粹效果会清除杂乱和不必要的装饰，倾向使元素清晰、简单，和经过严格选择，以最大限度地发挥功能和效率。为了体现物种的多样性和野性，自然主义种植可能会引人入胜。同样的，严格选择元素和简化形式是一种克服自然界变杂乱趋势的方法。"情人眼里出西施"这句古老谚语在这里使用恰到好处。对生态景观的欣赏可能是一种后天习得的反应——自然而然地假设每个人都有相同的观点，但是一个人所赞美的生态多样性和结构分层在另一个人看来可能是无原则的混乱。

皮耶特·奥多夫在推广当代自然主义景观方面做得比谁都多，他的工作框架比其他两股流派都更加结构化。皮耶特受所谓的"荷兰现代派"的影响很大，荷兰现代派在著名的风景园林设计师米尔·鲁伊斯（Mien Ruys，1904-1999年）的作品中体现得最为清楚。与工艺美术设计师将几何建筑形花园布局与宽松的印象派种植相结合的工作方式相似，鲁伊斯将有力而简单的布局与松弛的种植结合在一起。但是风格没有更多不同。工艺美术风格的理想化追求是乡村和传统，使用天然手工制作的材料，而现代派的方法是使用现代工业材料和抽象几何形式。尽管大多数现代派花园设计师都将任何形式的非木本复杂种植视为不必要的轻浮泡沫，但鲁伊斯采用动态的多年生种植，并将其作为一个图层叠加到她的建筑框架中，但是无论种植多么松散，她的标签都是简单明了。

顶图和上图　皮耶特·奥多夫的主要种植风格是通过使用大胆的多年生植物来确定的，这些多年生植物在冬天看起来像夏天一样美好。于斯塔福德郡特伦姆花园（Trentham Gardens, Staffordshire）拍摄的夏季和秋季照片。

上图　芝加哥鲁瑞花园（Lurie Garden），在严峻的现代和城市环境中进行自然种植。
种植设计　皮耶特·奥多夫

右图　大胆而戏剧性的种植：秋天在特伦姆的草河种植了大量沼地草谷物（Molinia caerulea）品种。
种植设计　皮耶特·奥多夫

鲁伊斯的种植影响是激进的：由于植物经过苗圃人员和设计师卡尔·福斯特（1874—1970年）等人针对在花园中抗性、可靠性和易维护性的严格选择，可大胆自由使用德国开发的多年生植物和观赏草，专注于全年的结构和形式。多年开花的多年生植物用于不规则的大面积种植，点缀有直立和结构性的草类和多年生植物。像格特鲁德·杰基尔一样，福斯特受到威廉·罗宾逊野生花园理念的影响，但与印象派绘画方法的发展方向截然不同，以大胆、激进的植物布置产生巨大影响。

在德国，这导致了科学的技术派自然主义；而在荷兰，它朝着一个不同的、更柔和的方向发展，除了生态功能以外，还有更多的余地用于美学考虑和对植物群丛的考虑，而不是随机组合。前面已经给出阿姆斯特尔芬海姆公园的案例：看似自然的公园和花园，但整体设计强烈而鲜明，野花被大胆成群种植，并采用现代硬质景观材料。

在皮耶特·奥多夫的作品中，我们看到了许多这种柔和的现代派元素，而印象派或风景派的思想则相对较少。因此，他有一种非常严格的植物选择方法，着重于形式、结构和功能，而不是花卉装饰。较早期奥多夫的种植倾向于基于相对简单的斑块组合和多年生植物及草类的丛植，而新出现的或结构性的多年生植物和草类则更为随机的覆盖。后期的种植更加交织或混合，但即使这样也有一个简单而清晰的结构，单个混合植物本身以笔触或者色带的方式排列。而且单个混合物很简单，由少量精心挑选的物种组成。这与技术派的各种随机混合相去甚远。

上图 流动的草类、迅速长大的多年生植物和多杆树木的矩阵种植。萨默塞特郡的豪瑟和沃思（Hauser and Wirth）。
种植设计 皮耶特·奥多夫

上图 宽松而非正式的种植，形状整洁现代。萨默塞特郡的豪瑟和沃思（Hauser and Wirth）。
种植设计 皮耶特·奥多夫

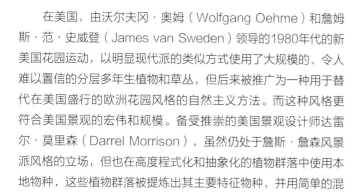

在美国，由沃尔夫冈·奥姆（Wolfgang Oehme）和詹姆斯·范·史威登（James van Sweden）领导的1980年代的新美国花园运动，以明显现代派的类似方式使用了大规模的、令人难以置信的分层多年生植物和草丛，但后来被推广为一种用于替代在美国盛行的欧洲花园风格的自然主义方法。而这种风格更符合美国景观的宏伟和规模。备受推崇的美国景观设计师达雷尔·莫里森（Darrel Morrison），虽然仍处于詹斯·詹森风景派风格的立场，但也在高度程式化和抽象化的植物群落中使用本地物种，这些植物群落被提炼出其主要特征物种，并用简单的混合种植以简洁的现代风格布置成流动的斑块组合。

形式的清晰性和组织的简单性使现代派这一股的优势显而易见：易辨识和理解。换句话说，与技术派的自由形式的随机性相比，它具有秩序和形式，并且相对容易理解。经过严格的植物选择，通过花卉装饰改善植物形态且缺少感性，它非常适合现代高度城市化的环境以及乡村环境。注重植物简单混合和组合为其艺术和经美学研究提供了更大的可能性。但是自发的抛弃和发扬技术派可能不会出现，而且像现代派本身一样，对形式和功能的不懈关注可能会失去温暖和情感灵魂。

现代自然注意种植设计的三股风格的总结

类型	印象派	技术派	现代派
核心特点	绘画性、艺术性	科学性	抽象
主要方法	植物群丛	植物混合	植物混合、植物群丛
植物选择主要考虑因素	颜色	生态植物群落	植物形式
配植方式	斑块组合和块状	复杂的相互作用、层次	斑块组合、复杂的相互作用

这三种类型各有利弊，但在如果按照它们的方式实施并理解术语和设计方法可能会造成很大的困惑。在这本书中，我提出了一个路线图，该路线图汇集了它们所有优点，并总结了一组简单的原则和思维方式，这有助于创建人性化的、有结构的、沉浸式花园和景观。我称其为种植设计的通用流程（Universal FLOW model）。

这填补了不同派别思想之间交叉的盲点，对我而言，关键特征在于其将植物群丛的概念重新引入了自然主义种植设计的范畴，并将艺术元素引入到科学严谨的、随机的技术派方法中。

但是在详细介绍该方法之前，我们需要退后一步，开始沉浸式的自然视觉之旅，深入探究鼓舞人心和令人振奋的例子，总结出一些关键的思想和教训，然后考虑如何将它们应用到设计中，以进行同样令人鼓舞和振奋的种植。

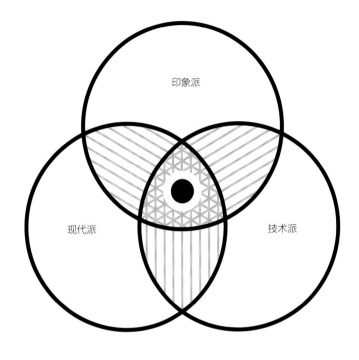

左图　这是作者在伦敦的巴比肯进行的大型种植计划的一部分，在这背后是大量科学研究和试验的结果。其具有戏剧性的视觉特征，在质感和形式上充满对比，并且是多层的。也具有很强的自然主义特征，并且植物使用中考虑了它们间的紧密联系，但还是相对简单而抽象。就植物的排列方式而言，存在很大的随机性，但这是控制在有意配植的结构植物的强大框架之内。这是综合印象派、技术派和现代派方法进行自然种植设计的示例。

解读自然

      许多人会说他们是"受自然启发",但这真正意味着什么?我们是在谈论同一件事吗?我们的参照点是一样的吗?在本节中,我将解释自己的一套灵感来源和参照点。这是我随时间积累逐渐获得的,希望可以与人共享,但这纯粹是个人化的,经验总结。通过观察和发展这套规则,我建立了自己的规则手册,用于构造、设计和种植景观、花园或花园区域,这些景观捕捉了美丽自然景观的本质和情感力量,但强调了我在第一章中所概述的景观的质量。在本章中,我将列出该规则手册的基础,主要以视觉化的方式进行介绍,使用一组图像绘制出一些关键点,然后将其应用到"种植设计方法"中。

自然植物群落

熟悉自然植物群落中那些能启发灵感的例子是有必要的。这并不意味着您必须去偏僻的地方研究自然栖息地中的植物群落——毕竟，我对自然的迷恋始于童年时的后院以及我周围的小巷、树篱和林地。大树下簇拥的几丛野草、疏于养护的草坪上漫生的草花和野草，或者城市废弃场地边蓬勃生长和演化的自然群落，这些复杂而又亲切的体验同样令我陶醉。实际上，城市地区充满了灵感——您无需去乡村探险。但关键是，没有什么比在植物群落中观察植物相互作用的一手经验更重要。这需要一段时间才有效——只有长期观察同一区域，才能获得对植物群落动态变化的感觉。对时间变化的理解至关重要我多么强调都不过分。

这种经验和对植物群落内部自然相互作用可以与研究结合，以识别来自世界各地的启发灵感的天然植物群落，并探索其特性、形式和结构。如果愿意，您可以使用"生物地理"方法对组成植物物种进行深入研究，并形成自己的群落组合，但我不认为这并非必不可少。更重要的是要直观地了解这些启发性案例所具有的生态、模式和发展过程，并确定激发您灵感的原因。因此，相较于（植物）分类生态，我更重视视觉生态作为强调自然的植物设计的基础重要性。它将我们从分类列表的束缚中解放了出来。生物分类学做法也没有什么错，但是我们为什么要放弃创造性和艺术性的可能，去突破自然中纯粹偶然发生的事情呢？只需查看在城市里的废弃场所聚集在一起的"重组"或"新"植物群落（包括本地和非本地植物物种），便可以知道野生植物组合这一事实并不需要魔力，可能已经存在了几千年了。实际上，这些

上图　周围遍布美丽的大自然：萨福克乡村的一座教堂墓地。

下图　德国杜伊斯堡一家旧工业区的自发生长植被。

"重组"群落，即我之前提到的"未来自然"，对我而言是创建新设计的植物群落的最佳模型。支持和反对本土植物使用的论点已经被反复讨论过，在这里我们无需深入了解它们。我只想说，我本能地背离任何纯二元选项形式的讨论，在二元选项中您要么相信完全的正确真理，要么就完全不相信。我一直在结合与本地植物和植物群落设计——它们通常是我的初衷——但我这样做是出于发心，并且它们在视觉上适合，而不是出于科学原则。我相信，如果我们负责任，首先从美学的角度出发，在设计的环境中进行自然主义种植，那么我们将为人们创造巨大的乐趣，并且将会带来更广泛的生态效益。

顶图　谢菲尔德拆迁现场的自发城市殖民植物，生长在砖瓦砾上，上面长有红色缬草（*Centranthus ruber*）和牛眼菊（*Leucanthemum vulgare*）。

上图　在谢菲尔德的一个废弃场地上自然化的北美紫苑。

与其浏览各种不同的景观和气候带以获取灵感，不如深入研究一种主要景观，而且主要针对该景观中的几个景点，尽管在此过程中我也会介绍一些其他地方。我认为这样做比较容易制定出一套可以广泛应用的原则，以适应您正在工作的任何气候带或景观环境。

上图　尽管大多数人将其描述为英格兰北部的"自然"景观，但实际上这里没有任何东西是没有被人为改动、改造或管理过的。

对图　美国宾夕法尼亚州的这个废弃的旧田地正被北美枫香树（*Liquidambar styraciflua*）所殖民。这里有一个非常清晰的结构，树木形成了"墙"，围成一个开放的林间空地，并铺满了一层草皮"地面"，包括前景中的狼尾草。照片是从一个"房间"向另一个"房间"拍摄的。再过几年，树木将长得够高，可以形成高的树冠或"天花板"。

自然还是半自然？（Natural or semi-natural?）

让我们从研究植物在天然植物群落中的自身呈现方式开始。由于我自己的大部分灵感都来自草甸状、花开茂盛的景观，因此我将用一些时间来分析其中一些特别引人注目的案例。

首先，我要对"自然"一词做一个注释，在本节中将使用到该词。我在这里实际上是指未经设计的植物群落。我要关注的大部分都不是自然的，就某种意义上讲，它是某种形式管理的结果，通常是农业管理例如放牧，因此应将其称为半自然。但关键的一点是，我在本节中讨论的内容实际上并没有按其实际状况设计——这是自然和生态过程在景观中由于人类的影响而产生的结果。

景观的基石

我将以建筑师构思建筑物或住所的方式来考虑自然景观，而不是从植物学家、生态学家或园艺家的角度来看待自然景观。换句话说，我会忘记单个植物或植物的组合，而专注于其结构–景观的"墙壁""地板"和"天花板"，它们如何形成单独的房间或空间，如何将它们连接在一起，以及如何将它们组合成一个更大的整体。当然，"室外房间"的概念在花园设计中并不是什么新鲜事物，但这通常与功能和内容的思考有关。在这里，我首先要介绍如何创建房间！

我发现这是一种非常有用的思维方式。它使我能够处理植被的结构类型，而不是一开始就陷入长长的植物列表。我将它们视为建筑模块，将它们组合使用，通过种植来构建我想要的人工景观或花园体验。下一章将对此进行更多介绍。现在从一个非常简单的层次开始，并考虑到平面层是由景观中的草本层组成的；墙壁层是基于灌木和修边植物的；天花板是由树木和森林组成。

平面图

平面图是景观中的水平面，从人的角度来看，这是我们在与自己所站的相同标高上看到的平面。它是连续的，以不同的形式贯穿墙和天花板。它主要是指景观中的草本层，尽管并非完全如此。当我提到地板层或平面图时，我实际上是指用种植来填充空间的想法：任何特定空间（无论大小）的内容，都是由与其他地板植物区域的边缘或用分隔来限定的。该边缘或分隔可略高于主要地板区域，或者具有明显不同的形式或质感——它不必是坚固的物理屏障。

地板层植物群落示例
（Examples of floor layer plant communities）

"参考"植物群落是自然主义种植设计中的重要概念。这些是自然或半自然的植物群落，为创建设计版本提供了启发性的起点。"平面图"的具体需参考的内容包括：

●草原类：北美草原、欧亚草原、南美草原和草甸。当然，根据环境的潮湿/干燥、温暖/凉爽等，在这些类别中又有无数种不同的变化。

●矮灌木类：荒野、苔原、低矮灌木丛。

●湿地类型：开阔水域（静水或活水）、沼泽（咸水和淡水）、边缘植被。

顶图 野生蓝色福禄考（*Phlox divaricata*）像地毯一样覆盖美国伊利诺伊州的一块林地草地。这是位于其他层下面的地板层的一个示例。的确，草地的边缘被灌木丛的"墙"所包围，高大的树冠树为该景观创造了"天花板"。

上图 地板层不一定是低矮的，高度都是相对的，而主要是它是占主导地位的植被。在这里，薄叶的向日葵（*Helianthus decapetalus*）在潮湿的草甸/北美草原上开花，该草甸/北美草原覆盖了美国伊利诺伊州的一条河漫滩。

左图 乌克兰欧亚草原的美丽地区。紫色林地鼠尾草（*Salvia nemorosa*）在欧洲针茅（*Stipa pennata*）优美的花朵花间绽放。较深的绿色区域是攻蓬子菜（*Galium verum*），很快就会开出金黄色的花。

对页图 从草地和草原（顶部）到低灌木（中部）和湿地（底部）类型的地板植被类型的示例。

墙体

仅由"平面"植被组成的景观是宽广辽阔的。一开始令人印象深刻，但很快在视觉上令人疲劳，并且没有任何方法打破它，导致缺乏可识别性，令人迷惑。我们开始感到迷茫和渺小。我们需要一定程度的"结构"以帮助我们感到宾至如归。这使我们回到了我们先前所讨论的"瞭望与庇护"的想法。自然景观中的"墙"是指可以说构筑空间或在空间内形成永久结构的任何事物。就像人工建造的墙一样，这些墙可以是任何大小或高度。它们可能是实心的或透明的，密集的或开放的，连续的或交错的，或者仅仅是最微弱的结构暗示。通常，出于持久性和坚固性的考虑，这些"墙"将包括木本植物以及草本或多年生植物。

木本植物在自然景观中形成"墙"，限定空间并根据该植物的高度和复杂性不同在空间中起到不同的分隔停顿作用。与人体的高度相比，封闭的程度和对空间的感觉可能与植被的高度有关。因此，在研究亲密空间的概念并在人类范围内进行思考时，可将这些结构形式按高度简单地细分为两大类：灌木和乔木。灌木的真正定义是，它是多杆的木本植物，而不是单杆的树，但对我而言，灌木通常具有亲人尺度和大小，而树木却明显更大。这个简单的定义符合我们的目的，因为基于灌木的自然景观与林地和森林完全不同，主要是因为它们在尺度上与人更相近。在种植模式中它们也被广泛忽略，因此我们将从它们开始。

灌木主导的植被种类繁多，其中许多都是我们非常熟悉的。我们可以将它们用作"参照"植物群落，就如同多年来我们用

多年生植物或草原群落做参照一样。"灌木丛"通常是指主要由灌木组成的植物群落，尽管它们通常也包括草类、草本植物、小树和球根植物。地中海的马基斯灌木丛带（maquis）、加利福尼亚的丛林、南非的凡波斯植物群落（fynbos）和各种荒地都是类似例子。其中某些类型可能被称为"郁闭灌木"，因为它们具有茂密的树叶覆盖层并形成密集的灌木丛，而其他类型则更"开阔"，灌木组成更分散或成团分布。

右上图、上图　小檗、柳树、杜鹃花、野玫瑰组成的混合灌木，围绕着的草丛：平面和墙体。

右下方　中欧的钙化灌木丛，有女贞、野玫瑰和山楂。

更开放的类型引起了人们的极大兴趣，因为密集的、难以穿过的灌木丛的使用确实受到限制。顺便说一句，许多灌木丛之所以存在，是因为灌木丛对放牧动物往往不利，其坚韧、难吃且带刺。灌木丛占主导地位的地区被认为是荒原、低产且价值有限，也许这就是为什么它们被认为不具有很大吸引力的原因之一。当然，名称灌木（"scrub"和"brush"在英文中不仅有灌木的意思，还有刷子的意思）不是一个好的词！但是，灌木丛是令人兴奋的自然种植模型。它有点混杂：混合了小乔木、灌木和草地，大部分都是蔷薇科植物和在石灰石或白垩土条件下的优势植物。这当然包括野玫瑰本身，还包括李属（如樱桃）、花楸属（花楸和白面子）、山楂属（山楂）、苹果属（海棠）、接骨木属（接骨木）、女贞属（女贞）、荚蒾、悬钩子属（浆果）和很多其他的植物，例如铁线莲等藤本。然后将所有这些丰富的植物与各种钙质草原植物混合在一起。

这些更开阔的灌木丛给了我持续的启发和灵感，因为尽管植被以灌木为主导，但是仍是包含了草本植物、球根植物和小乔木的嵌合体——非常有魅力的组合。给我留下深刻印象的灌木群落，是那些为茂盛草本植物创造出空间的群落，正是这些草本植物才能带来精彩而耀目的季相变化。

柱子和柱石（Columns and pillars）

灌木可以用作框架、结构和边界元素（即围绕空间的边缘），但它们也是重要的内部元素，可以打断空间并为草原或草地提供永久的三维结构。这种空间打断的做法可打破大面积多年生优势植物的潜在单调性。

上图　开放的林地边缘，山楂（*Crataegus monogyna*）和灌木合在一起形成草地。

天花板

现在我们来谈谈建筑结构类比的最后一个要素：上部的植物。在体验开阔的灌木时人的头部会暴露在天空中，而阳光和雨水能够到达地面。一旦有了顶层植物，体验就完全不同了。顶层植物当然是指乔木。

林地或森林的体验感在很大程度上取决于优势树种，这部分取决于土壤类型和气候，还取决于林地的年龄及其演替阶段。但是从广义上讲，我们可以根据视觉特征区分两种主要类型的林地：光照良好林地和阴暗林地。

光照良好型林地由寿命短、速生且树冠开展的树木组成，这些树木可以让大量的光直射到地面。这些林地植物通常是先锋类型的——即树木能够轻松地在裸露的空间中殖民，因为它们具有易于散播的种子，并且可以在阳光直射的情况下生长。桦树（Betula species）就是这种树的完美例子。它们通常以非常接近的间距大量出现。李属（如樱桃）、花楸属（白豆和花楸）、桤木属（桤木）和桦属（桦树）是更多的例子。因为像这样的树木组成的林地的树冠非常开阔，斑驳的阴影很多，地面的草本层可以相对有更多草或丰富植被。

阴暗的林地由寿命更长、更大的"林木"组成。通常情况下，它们将具有更密集厚实的树冠，从而使更少的光线直射到地面。在春季，草本层将最为明显，因为在树木完全长出叶片之前，野花充分利用了温暖的条件。除此之外，还会有常绿植物，例如蕨类植物，它们可以沿着树荫生长。典型的暗林地物种是栎属（橡树）、椴树属（银石灰或银林登）和水青冈属（山毛榉）。

在充足的阳光下这类树木种子不能发芽且幼树不能良好生长，它们需要树冠遮蔽保证成活。因此，它们将在先锋林地的树冠下成长，并穿过寿命较短的树木的树冠逐渐长大，最终形成成熟的林地。因此，这两种简单的林地类型是动态演替过程的一部分。

森林和林地只是基于自然的树木植被的一种模型。如我们所见，根据树种的不同，不同的树木和森林类型可以具有完全不同的感觉。另一个决定性因素是林木的密度。

当树木变得更加分散，并处在一个以开放为主的景观中，那我们就看到了大草原植被。稀树草原出现在树木没有形成完整的树冠的地方，使光线直射到地面，促进了下面主要是草本的草地层，这在灌木丛中也很常见。根据分散程度，树木可能会散落开来或以很高的密度出现，并且通常会根据重心聚集模式进行排列，但是无论如何，仍然有足够的树木数目来营造包围感和风景中的天花板。

顶图　茂密的多层林地，有草本、灌木和乔木层——但每层中都还有更多层次！

底图　一片"光照良好"林地，例如白桦林开放且有斑驳的阴影。

　　我们可以用不同的方式来考虑分散：景观封闭还是开放到什么程度？茂密、阴暗的林地与更开放和分散的树冠感觉截然不同。我们可以在大尺度空间利用它们，通过想象穿越封闭、开放、半封闭区域的旅程，以及由此给我们带来的不同体验。这个想法在阿姆斯特尔芬海姆公园的设计中起了很大的作用。

上图　"阴暗"林地主要由林冠树种（例如这些橡树）组成，即使在冬天落叶时也具有很强的特点。

左下图　在这片潮湿的林地中很容易看到分层。

右下图　开放的林地，分散的树木，让充足的光线直射地面层，同时仍具有强烈的围合特征。

源自自然的种植设计
原则

关于我的种植设计思想，我总结出一套原则，均源于我在自然界中的所见。这是我的"世界观"，其与我们已经讨论过的建筑模块想法，以及不仅使用草本植物或多年生植物，且使用乔木和灌木丛直接相关。我将用案例（随机排序）逐一说明。这里引入"参照景观"。采用一个参照景观使我们看到这些原理在单个区域中如何发挥作用。当然还会使用许多其他案例来强调我的观点。在继续之前，我必须再次强调，这些不是自然景观的典型例子，也并非随处可见。但是，这些自然景观启发了我，并帮助我发展了"强化自然"的概念来进行种植设计。

我将带大家去香格里拉——这最初是一个虚构的地方，是尘世的天堂，詹姆斯·希尔顿（James Hilton）在1933年出版的小说《消失的地平线》（*The Lost Horizon*）中对此进行过描述。

真实的香格里拉位于中国云南省，2001年为促进旅游业发展更名而来（译者注：原名中甸县）。当我在2015年到那里深入考察时，我发现那里的景观完全没有辜负希尔顿的想象。当时我去寻觅一些难得的高原草甸景观，有人告诉我那里会有美得令人叫绝的草甸。

就像在西方国家发生的一样，原有具有丰富物种的传统农业景观大部分都被长期的耕作活动所破坏，仅在偏远地区碎片化的

得以保存。实际上，这类区域非常偏僻，以至于一些地方只能乘坐竹筏逆流而上才能抵达。而后我们看到远处田野中一片粉红色和紫色，表明那里的报春花正在盛开。我在这里使用的案例和图片就是那样的草甸、灌丛和湿地图景。

右图　这片云南香格里拉附近的草甸是我们的参考模型，该模型将用于提出一系列观点，有时还会采用其他地方的案例作为支持。这里有几种不同的草甸植物群落，其中紫色海仙报春（*Primula poissonii*）是最著名的一种，而后面的植物群落则是绿色的大狼毒（*Euphorbia jolkinii*）。

三的威力（The power of three）

　　有一种趋势认为，受生态启发，自然主义种植需要多样化，其中要种植大量不同的植物。看看关于自然主义种植计划的任何植物或种子列表，就会发现通常该列表非常长。当然，多样性确实重要：更多的植物多样性会导致更多的动物多样性，而且越来越多样化的系统通常更能抵抗外部压力和外界干扰，例如干旱或冰冻，并且由于潜在的幸存植物数量更多而具有生态弹性。但是，这种促进多样性的手段可能是一把双刃剑，鼓励尽可能多地植入不同的植物，也导致形成碎片化的、令人费解的拼盘。

　　以我的经验，最令人视觉满意和最美丽的"自然"开花风景在外观上都相对简单，这些就是我用作模型的风景。对我而言，在同一时间最好的景观只有一种、二种或三种具视觉吸引力的植物，它们在任何时候都构成主要的审美体验，并且它们遍及整个植被区域。这是我的P3规则——在最有效、最美丽的自然参照点上，最多采用三种不同的植物，在任何时候都能呈现好的视觉效果。

上图　在拍照时，香格里拉参考草甸的视觉展示只有两个物种，尽管它们是物种多样性很丰富的草甸。

色彩的爆发（Eruptions of colour）

    以上并不是关于减少多样性的讨论。我提供的所有示例都非常多样化，可能包含20～30种不同的植物物种。但在任意时间点，仅有3个或不到3个的种处于盛花状态。早几周或晚几周，可能又是另外一两种花盛放。在这样激动人心的景观中，盛放的花景可能会绵延数月。想象一下在这样一个区域拍摄的定点延时电影——那将是不断变化的视觉愉悦感，彩色波浪来回移动。"色彩波浪"在花园或景观中蔓延和变化的想法是我思想的中心——但一次最多只能包含三种不同的植物——这就是P3规则。这是一种非常动态的思维方式。

    另一种将其形象化的方法是，在种植过程中，颜色或形态不断的喷发——可以有更动态的比喻吗？想想冒泡的熔岩流，甚至锅中缓慢沸腾的水——一段时间后喷溅在整个表面上，有时在同一位置，更多的是在不同位置，在整个区域不断呈现一系列的明暗变化。

上图　在我们的参考草甸上，任何时候只有一小部分物种在开花。几周后回去，另一组植物将开花，这是连续不断的"颜色爆发"的一部分。

对页顶图　粉红色拳参（*Persicaria bistorta*）、零散的西南鸢尾（*Iris bulleyana*）和大狼毒（*Euphorbia jolkinii*）等不断出现的斑块组合在香格里拉参考模型的田野里产生了颜色爆发。

对页底图　现在参考草甸上的三种花是黄色的钟花报春（*Primula sikkimensis*）、蓝色倒提壶（*Cynoglossum amabile*）和紫色管花马先蒿（*Pedicularis siphonantha*）。

物候学（Phenology）

　　理解其工作原理的一个重要原则是了解物候学的科学概念，它描述了植物一年中生命周期的季节性变化，特别是生长方式、开花方式以及开花后发生的事情。例如，它在春天什么时候开始生长，什么时候生长速度最快，什么时候开花，持续多长时间，开花后是否倒伏或保持结构完整？在植物群落中，具有不同物候特征的植物之间的相互作用会产生随时间变化的视觉效果，而且我们可以非常有效地将所设计的植物放在一起。换句话说，我们需要以"物候混合"为目标。

香格里拉参考模型中的灌木植物群落完美地说明了物候学和视觉兴趣的长短。在最上面的图片中，大狼毒是盛开的物种，它生长在一个有大叶子的大叶橐吾（*Ligularia macrophylla*）灌木丛的基质中。大戟的叶子在秋天变成鲜橙色、深红色和猩红色，营造出壮观的景象。叶子本身具有戏剧性，穿过灌木丛中的缝隙。之后（见右图）开着的高高的黄色雏菊和银色叶片的黄花蒿。

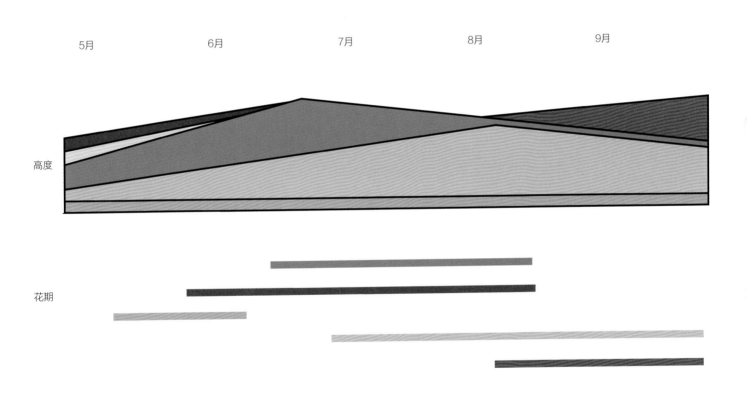

5月　　　　　6月　　　　　7月　　　　　8月　　　　　9月

高度

花期

石蚕叶婆婆纳（*Veronica chamaedrys*）

药水苏（*Stachys betonica*）

黑矢车菊（*Centaurea nigra*）

法国菊（*Leucanthemum vulgare*）

地榆（*Sanguisorba officinalis*）

上图　此图显示了英格兰北部潮湿的草地植物群落中五种植物的物候差异。这些记录取自单个500mm×500mm "象限" 中植物生长的每周观测记录。婆婆纳（*Veronica officinalis*）是一种低矮植物，在春季和初夏开花。 地榆（*Sanguisorba officinalis*）是一种较高的树种，在夏末和初秋开花。在此期间相对高度的变化以及主要的开花时间证明了不同植物物种的 "物候" 如何显著不同。它还说明了植物群落中的 "分层"。这个自然的例子说明了如何将具有相同生态要求但物候不同的植物组合在一起，以形成长期的种植。

自然层次（Natural layers）

我们习惯于认为林地有一系列的层次。最简单地说，包括由树冠形成的顶层；持续存在于树荫下的多杆木本植物和树苗组成的灌木层；以及由耐阴或适生的草本植物组成的地面层或林地地被层。实际上，林地或森林中可能有更多的层次，当然也可能有更少的层次。

不太明显的是，在草原、草甸和其他草本植物群落中也有相同的分层。但是，与森林的情况不同，在森林中这种情况是永久的，而草本群落中在每年枯死或进行割草、砍伐或焚烧等管理的情况下，这种分层会在一个生长季节内逐渐形成。

就生态功能而言，在植物群落中分层可最大程度地提高生产力并开发各种可能的资源，而植物则适应了自己的生态位。例如，森林或草原中的分层可以使该系统中的光合作用最大化。在草原上，早花植物通常身材矮小，早期生长迅速，然后植株高而且晚花的植物开始生长。后者最初的生长速度可能较慢，但随后

它们的体积增大，可在整个生长季节变得更高。同样，在林地里，许多森林地面上最引人注目的开花植物都会很早就开始生长，并在茂密的树冠浓荫影响其生长之前开花。

因此，根据所涉及植物的生长方式和特征，不同的层通过下面的层向上生长。这里的一个关键术语是连续——一种植物接着另一种植物，然后每一层向上穿过已经存在的那一层。因此，物候学和分层是完全交织在一起的。

上图　在我们的香格里拉参考模型不同的层次很容易观察，在草丛中有着白色驴蹄草（*Caltha palustris*）、海仙报春（*Primula poissonii*）和千里光属的一个物种形成了较高的一层。

对图　在这个北美大草原上，福禄考在晚花植物的叶子之间开出一层春天的花——请注意，锯齿叶的串叶松香草（*Silphium perfoliatum*）会在生长季长高成为高的一层。

流线与斑块的形式（Flows and drifts）

即使我们看到的草地和草原区域是相当均一的，但其实植物群落和景观通常都具有潜在的结构和样式。最常见的组织原则之一是"流线"的概念。流线是方向性的运动。这是一个变化、曲折的字眼，暗示着联系和连续性。流动性是这里的重点。即使在非常干燥的景观中，水流也可能是决定植物分布方式的主要因素。地面高度的微小差异可能会导致其稍干或潮湿，不同的植物群落将据此进行组织。随着时间的流逝，水流形成蜿蜒曲折的模式。这种迂回曲折的形式是我经常使用的形式。

定向运动的思想是斑块组合的核心。我们倾向于将斑块视为与单一植物物种有关，可能是由于植物自身扩繁生长引起的，或者是由于原始亲本周围已经生长了许多幼苗。但是，斑块组合很可能是植物的混合或组合，或者整个植物群落，所有这些都是对整个环境的地形、排水、养分利用率以及许多其他因素的微小差异或明显差异引起的。

景观中的水流和斑块组合具有多种美学特征。它们的方向性将视线引导到景观中并穿过景观，使原本可能是无特征或单调的群体更易辨认。它们在整个区域建立了重复的节奏，并再次赋予了重要的结构和组织。

上图　我们参考香格里拉草原的流线模式。

左图　不是完全随机或均匀分布，在草甸状群落中的植物倾向于斑块组合。通常，只有当您退后一步并采用更大的视野时，这种现象才会显现出来，正如我们的参考香格里拉草原所示。

模糊边缘（Fuzzy edges）

表面上单调和一致的植被景观往往是由明确边缘、斑块组合或不同植物组合或群落的流动组成的，但这种情况通常只有在较大范围内才明显。在较小规模或单个植被区域，这种区别可能不那么明显。这会导致：受生态启发的设计师经常在单个植物群落或植被类型中寻找灵感，因此他们有可能错过这些细节。

当您缩小到较小的规模时，您会意识到，在较大的规模上看似清晰且明显的界限实际上并不清晰。边界之间是融合和交互的。换句话说，我们处理的是模糊边界。这是因为在植物生态学中，清晰边界和非黑即白的区别非常少见。现场条件往往是沿着梯度变化，而不是突然的开始或者结束。个别物种会在混合种植和植物群落中或更强势或彻底淘汰。所以，变化沿着过渡区域渐变而不是突然发生。这导致许多令人兴奋的组合和交互。

上图　虽然可以在香格里拉参考草甸的较大规模上清楚地看到斑块组合模式，但很明显，在较小规模上，这些斑块之间的相互作用是复杂的。斑块之间没有明显的界限——边缘模糊。

跨界（Cross-overs）

　　梯度的概念将我们引向另一个非常重要的观察点。植物物种沿着环境梯度（例如土壤湿度或养分利用率的梯度）倾向于对自己有利的区域。这些偏好可能非常精确，也可能非常宽泛。沿着这些梯度有很多物种交叉，我们在任何一点上都可以看到独特的植物群落，实际上是在这些条件下巧合的物种集合。因此，某些物种可能出现在任何给定区域的几个相邻植物群落或混合种植中，而另一些物种可能仅限于其中的一个或更少群落。更广泛存在的物种或"交叉"物种在视觉上或生态上不同的植物群落之间赋予连贯性和统一性。

上图　在我们的香格里拉参考草甸中，蓝色花朵的东俄洛紫菀（*Aster tongolensis*）起到"交叉"物种的作用，是整个草甸内几种不同混合和斑块组合的组成部分。

重心（Centres of gravity）

现在，让我们更详细地了解植物的排列方式。我想介绍一种与植物在野外生长方式有关的通用模式。从技术上讲，它称为聚合，但我更喜欢将其视为"重心"。在本章中，我们将多次提到这一概念，并在下一章中进一步探讨。

想象一下，如果植物均匀地分布在一个空间区域中会是什么样子。该植物的所有个体或群体将以彼此大致相同的距离、大致相同的密度出现，与在林业种植园或农作物田地中发现的情况相同，或者类似于传统园艺种植。那感觉很不自然吧？但这就是我们往往认为植物在草甸或草原上生长的方式，例如，当您使用种子混合物或随机种植混合时，您认为所有种子或植物都均匀地分布在整个区域。

现实情况是植物往往通过各种形式的聚类或成丛来组织自己。丛块可能非常紧密或很松散，但是肯定会有。这完全取决于您观察植被的规模。即使以最紧密的形式，一个物种可能会形成较大的散布团块（单一种植或斑块组合），这些团块本身也将以较大的规模聚集或成簇。这种模式是由两个主要因素导致的：a）整个场地中物理因素的变化（例如水分供应或营养水平），进而影响植物的分布；b）单个物种本身的生长方式和特征。

对于植物物种如何以这种类型的模式进行排列组合一直是本书前面讨论的技术派自然主义种植的重要研究内容。这就是所谓的"植物社交"，基本上可以解释为一个物种个体之间的"友好"程度！从密集的单一种植（个体非常友好）到远距离分散的反社会植物（个体之间几乎没有关系）的情况都有。尽管了解此基础很重要，但关键是要从视觉上了解其在地面上的发展方式。

用"重心"的概念来进行描述更加直观。我屡次遇到的模式可以被最恰切的描述为"具有离群的中心"。想象一下用托盘装满小金属球或轴承滚珠，然后在其中放置一个磁铁，并根据它们与磁铁的接近程度，一些小球被吸引并聚集在其周围，而另一些球则只移动一小段距离。小球们将形成一个聚集的中心，而更远的地方分布着更多的小球。

中图　西南鸢尾在长有大狼毒（*Euphorbia jolkinii*）的块状草甸中聚集成丛。

顶图　在香格里拉参考模型中，大狼毒（*Euphorbia jolkinii*）与离群的东俄洛紫菀（*Aster tongolensis*）及倒提壶（*Cynoglossum amabile*）形成了聚集模式。

下图　在我们的香格里拉参考草甸中，海仙报春（*Primula poissonii*）和黄色马先蒿属植物都表现出明显的具有离群的聚集模式。

如果是强磁铁，则将有聚集很多球的中心，而如果是弱磁铁，则几乎没有球聚集。然后，如果您将多个磁铁分开放置，该图案将重复出现。我不进一步延伸这个比喻，但是这种类型的图案在各种规模和各种背景下都可以发生，从单个岩石上的地衣的图案到整个森林中树种的分布都呈现这种模式。

此图是根据彼得·格里格·史密斯（Peter Greig-Smith）的著作《植物数量生态学》（*Quantitative Plant Ecology*）（1983年）中的插图修改而成的，在该书中的图名为"将较高密度的斑块置于较低密度的一般分布上，这是常见的一种植物分布"。每个点代表植物单体，它们都是相同的物种。没有尺度限制，因为如上所述，它可以适用于任何地方的任何类型植物。

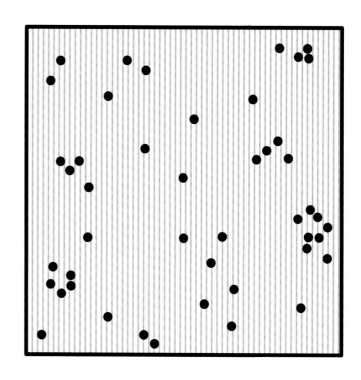

下图　在我们参考的香格里拉草甸附近的田野中，如果这些植物（等距均匀分布），那么这些植物〔黄花瑞香狼毒（*Stellera chamaejasme* var. *chrysantha*）〕的布局将有很大不同。

重复与节奏（Repetition and rhythm）

节奏意味着重复，但也暗示一定的秩序和可预测性。再次审视本章中的许多图片，您将看到重复的斑块组合、植物图案以及植物个体。这是最重要因素之一，它可以将本就吸引人的景观变得更加非凡。那是因为重复和节奏使我们能够将原本混乱的随机混合转变为我们可以理解的东西。重复和节奏如果用在颜色或质感方面可能感觉很明显，但是视觉上最引人注目的运用方式是形式重复——景观中植物的形态和三维结构。没有什么能比直立植物更清楚地证明这一点。这些植物突出于总体之上，通常最突出的植物是直立的。在生长较慢的植物海洋中的单个直立植物不会产生太大的影响，但是在整个区域中重复出现会产生真实的戏剧感。均匀重复是一回事，但是当有节奏感并且比其他看起来相同的事物复杂得多时，就将变得非常与众不同。

顶图　在整个区域中，包括黄色委陵菜在内的团块和种植带重复形成了色彩和质感的节奏。

上图　在开放的干燥灌木丛中重复散布的黄栌（*Cotinus coggygria*），引人注目。

复杂的边缘（Complex edges）

边缘是生态学中的一个重要概念，因为很多事情都在发生在这里。两种或多种不同植被类型（例如森林和草原）之间的过渡带在技术上被称为"生态脆弱区（ecotones）"。在发生这种过渡的地方，两种类型的特征结合在一起，并且视觉复杂性、野生动植物和生物多样性价值可以最大化。这是对小空间特别有用的自然模型，在小空间中使用边界和过渡色调的可操作性更强。

在这一点上，我们不可避免地要讨论来自自然界的观察结果，有一点在花园设计师和景观设计师之间引起了很大争议：自然界中几乎没有直线。自然界中的边界既复杂又粗糙。不难理解为什么会这样：维持直线边界需要大量的能量和投入。我们仅在

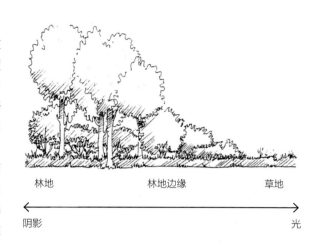

林地　　　　　　　　　林地边缘　　　　　　草地

←————————————————————————→
阴影　　　　　　　　　　　　　　　　　　　　光

人为管理或设计的景观中可以找到直线，并通过持续的维护（园艺或农业）加以保护。

复杂边界是模糊边界概念的扩展。这种复杂性在水平和垂直空间中都会发生。我们可以通过观察林地或森林边界来探索这个问题，同时也要考虑树木和灌木丛。林地边界可以结合草原、灌木丛和林地本身的元素，所有这些都在一个相对狭窄的交错带内。灌木和树木会渗入草原，有时会延出一段距离，而草原也将侵蚀林地的边缘或更远。

由于与森林内部相比，边界处光线较充足，因此这里是开花结果灌木和树木以及藤本和攀援植物最集中的地方。这种情况当然会受到朝向的影响。在北半球，朝南的边界将是最向阳、最温暖和最受庇护的边界。在这里，将发现数量最多的花朵和水果，以及数量最多的无脊椎动物和鸟类。巧合的是，这些也对人们最有吸引力。相反，凉爽、阴影很大的朝北边界的鲜花、水果和野生动植物会减少。而在南半球显然相反。

上图和左图　在自然系统中，一种植被类型和另一种植被类型之间的直线边缘和简单、清晰的边界是罕见的。在奥地利这片干燥的草地上，成片黄色的欧洲柏大戟（*Euphorbia cyparissias*）是优势植物，远处林地上有一处边界，但灌木丛却侵入到草地相当远的距离。如果要从上方绘制这种植被的平面图，那么从开阔的草原到茂密的灌木丛再到乔木的过度是非常复杂的。前景中散落的灌木充当"柱石"（请参阅第79页），为原本匀质的草地提供了宝贵的三维结构。

沉浸式的体验（The immersive experience）

这是自然主义景观的特质之一，提供了与通常的花园截然不同的体验。沉浸在自然中是一种全面的、多感官的体验——不仅是视觉欣赏，而且是声音、触觉、气味、运动及对其他生命以及对您自己的亲密体验。在您生命中的某个时刻，您可能会沿着一条小径将您直接带入这种无所不包的植被中。以这样一种形式，你不可能不积极地融入大自然。如果将其与大多数花园或人工景观体验进行比较，那通常花园体验是非常被动的。植物经常被种植在苗床上，您从草坪或坚硬的地面上进行观看，您站在远处与植物分离。而沉浸在身心愉悦的自然景观中所获得的积极的、参与性的、多感官的体验是本书中最重要的原则之一，也是设计工作至关重要的组成部分。

顶图　草地在生态交错带边缘融入到灌木的例子。

上图　在春天沿着这条大草原漫步的经历令人沉浸其中，这和我们通常与人工景观中的植被互动的方式截然不同。

文化背景（Cultural context）

当我指"自然"景观时，我真正的意思是"半自然"，因为实际上所有景观、植被和植物群落都已被人类改造。 但是，我们的影响不仅限于遵循植物群落。景观也有文化层面，可以产生更多的"植物特征"。某些植物或植物组合与景观中人工元素间可识别的联系可以用作附加元素，为构图提供起点或"设计生成器"。这里的重点是，在适当的情况下，文化背景可以用于在种植中引入独特的元素，从而使其可以有本土元素的依据——地域感。

对页顶图　区域中孤立的带刺或坚硬灌木丛或小乔木，在一些地区，例如这片长有白藓（*Dictamnus albus*）的草原，具有悠久人类使用历史的景观特征。在广阔的草原上，这里的多杆树显示了对结构和"空间打断"的基本需求，否则空间将是二维且相当单调的景象。

对页底图　在坎布里亚郡（Cumbria）湖区的这一景观中大量圆型的橡树和柳树被定期用于放牧（在树上可以看到羊头高处以下被放牧吃过留下的痕迹），并且是传统的"林间牧场"形式。放牧的动物不喜欢吃直立形态的草和蕨类植物，因此它们可以生存。这是一个具有高度文化底蕴的景观，从其空间和结构品质上来说，也提供了很多设计灵感。

下图　一个古老的苹果园，下面有野花，散发着浪漫自然的气息，却代表了一种完全被人类改造过的景观。

种植策略理论

在本章的结尾部分，我们来研究一下我们已经了解的模式的过程。种植策略理论是理解植物群落如何运作的关键，它是由谢菲尔德大学的菲利普·格里姆（Philip Grime）教授及其同事开发的，是植物生态学领域最重要的全球理论之一。菲利普·格里姆是我的博士生导师，所以我对这一理论非常了解：这就是我博士阶段的研究内容。尽管许多其他作者试图将其应用于园艺和种植设计，但他们都使用了原始的生态学术语，所以并不容易转化到应用领域。

压力和干扰（Stress and disturbance）

种植策略理论的基础为：在任何给定区域中，有两个基本因素作用于植物并限制其达到最佳表现。其中第一个因素被称为压力，可降低植物生长速度以及植物可产生的总"生物量"。压力因素可能包括低营养水平、太少或太多的水分以及极冷或极热条件。例如，非常干燥的气候或极其不肥沃的土壤会对不是特别适应这些条件的植物造成压力。一旦浇水或者施肥，它们就会快速生长。换句话说，压力条件通过减少植物生物量而使植物无法发挥其全部生长潜力。

在低压力的环境中，没有什么可以阻碍植物发挥最大的生长潜力。这些地方具有土壤肥沃、水源充足、温度适中等条件。因此，我们可以将低压力的环境描述为高产的，反之，高压力的环境则为低产的。

另一个主要因素是干扰，即任何会破坏现有植物生长的因素。可能是放牧、践踏、燃烧、耕种或严重干旱。植物可能在压力非常低的环境中生长，因此可以发挥其全部潜在生长潜力，但是如果某些外部因素经常破坏植物生长，则无法实现这种潜力。干扰不是减慢生长速度，而是破坏已经形成的植物材料。

受到严重干扰的环境非常不稳定，经常遭受破坏，例如严重的干旱、定期耕作、洪水等。相反，干扰最小的环境非常稳定。

生产力和稳定性（Productivity and stability）

种植策略理论背后的基本原理是，世界上每个地方都可以通过其相对的生产力和稳定性等级来定义。植物已经随着时间进化适应，以便能够在这些不同类型的环境中生存。这样问题就来了：无论植物在世界上的何处，并且无论什么类型的压力和干扰影响它们，植物往往对压力和干扰具有相同类型的适应能力。因此，我们可以根据植物、植物群落和植被类型对生产力和稳定性不同组合的适应性进行分类。在对图中，就生产力和稳定性采用系数0到10来衡量压力和干扰，该指标纯粹是相对值。

在左下角，我们综合了非常高效和稳定的条件。对于传统的花园或景观环境，大家都努力以丰富的养分和水分、温和的温度以及完全没有任何损害的形式为植物生长提供理想条件。但是在野外，事情却大相径庭。在没有阻碍植物生长的环境中，可以充分利用这些条件的植物更有优势：快速生长和传播种子的植物尽可能地占据地上和地下的空间，以便能够获取最多的水分、营养和光。这样的植物具有侵略性和极强的竞争力，消除了较衰弱或更脆弱的植物。让我们将这种类型的植物描述为"优势种"（在原始理论中称为竞争种），因为它们往往会自己占据空间，从而导致植被的多样性非常低，这类通常是很粗放的植物。

右图 该图显示了稳定性（压力或干扰等级）对三种不同类型植物生产力的影响。

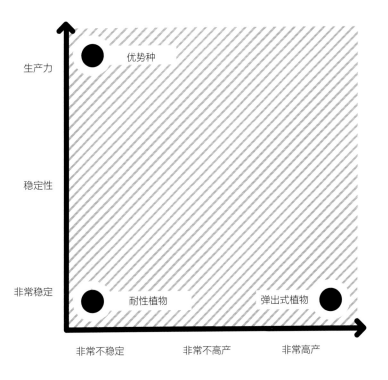

生产力

稳定性

优势种

非常稳定

耐性植物

弹出式植物

非常不稳定   非常不高产   非常高产

上图 这个废弃的、无人管理的、非常肥沃的前城市场地，已经被经典的"优势种"植物柳兰（*Chamerion angustifolium*）淹没了。在这种具高度竞争力植物的旺盛克隆"林分"中，极少有其他物种可能共存。

相反，在非常动荡、不稳定的地方，这些优势种根本没有机会站稳脚跟——它们一直在被毁坏或破坏。以定期耕种的田地为例，每年至少一次清除所有现有植被，然后播种或种植新作物，但是如果之后不再耕种，该田地将很快被通常称为杂草的植物填满。我们将其称为"弹出式植物（pop-ups）"（在原始理论中称为荒废地种（ruderals）），它们长于图右下角的环境中，那里的条件仍然肥沃而高产，但非常不稳定。为了在干扰的循环间生存，植物通常是生长期短的一年生、二年生和短周期的多年生植物。它们擅长通过种子或其他方式散布，以便能够逃离受干扰地区并找到新的殖民地。属于这一类别的一些植物群落是地球上最壮观的植物群落：美国西南部和南非的沙漠开花植物是两个著名的例子，整个地貌的一年生植物春雨后萌发、开花、并在干旱夏季来临前落下种子，每年都焕发光彩。

顶图　一年生植物是经典的"弹出式植物"或耐干扰植物，它们在两次干扰事件发生之间的单个生长季节就可以完成其生命周期。斯塔福德郡伦瑟姆花园（Rentham Gardens）的这种一年生开花草地以橙色的花菱草（*Eschscholtzia californica*）和蓝色的艾菊（*Phaecelia tanacetifolia*）为特色。

左上图　在谢菲尔德这个废弃的、后工业化的场地殖民了各种各样的先锋"弹出式植物"。荷兰菊（*Aster novi-belgii*）和垂枝桦（*Betula pendula*）都能够到达该场地，因为它们会产生大量的风播种子，并且能够在多石土壤的空旷地建植。

右上图　谢菲尔德的另一个后工业遗址，覆盖着建筑物拆除后留下的材料，已被两年生和短生命周期的多年生"弹出式植物""所殖民，其中包括柳穿鱼属植物（*Linaria purpurea*）和黄木樨草（*Resedea luteola*）。

在相对稳定但生产力很低的地方，条件很艰苦，温度极高，养分和水利用率很低，且土壤多石。在这些极端条件下生存的植物具有多种适应能力，其能适应是因为生长缓慢，有低速生长的圆形、坚硬的叶子和茎。我们称它们为"耐性植物"（原始理论中的抗性植物）。表现出耐性的植物群落包括来自干旱环境的植物群落，这些植物可以保水适应，例如有灰色、银色或蓝绿色（由细小的毛或浓厚的蜡状表皮引起）的叶子，具肉质特征或低矮垫状生长。高山植物是另一个例子：它们矮小、匍匐，有紧贴地面的株型或紧密的莲座丛，可以抵御高海拔环境的高暴露和低温。

在这三个极端之间有许多中间类别，但是没有一个类别可以将高度非生产性和高度不稳定的环境结合在一起——这种环境植物无法生存。

多样性（Diversity）

对种植策略理论的简短回顾使我们得出了一个重要结论。我们在传统花园和景观环境中促进植物生长的条件恰恰不利于在野外发展多样且有吸引力的自然植被。确实我们在景观中培育出具有侵略性和活力的优势植物。相反，极端压力和干扰的环境对植物生长非常不利。在本章中要重点介绍的环境条件是中等水平的压力和/或干扰，这些条件促生了种类繁多且美丽的植物群落。当我们考虑自然主义种植时，在建植条件和持续维护方面，要牢记这一点。这就引出了下一章：如何将此原理应用于我们自己的种植工作中。

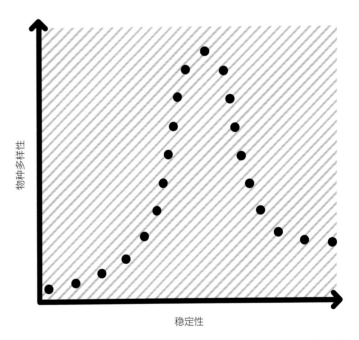

物种多样性

稳定性

非常不稳定：高压力和干扰的级别　　　　非常稳定：最低的压力和干扰级别

上图　生态学中的弓背模型（humpback model）解释了植物多样性与优势地点条件之间的关系。该图显示了植物多样性如何随场地稳定性而变化。在非常不稳定的地区（高度受干扰和/或非常贫瘠）和非常稳定的地区（非常肥沃和/或未受干扰），多样性均很低，因为前者的条件对植物生长非常不利，而后者则有利于侵略性的"优势种"消除所有竞争力较弱的植物。该模型的最大教训是，系统中适度的压力和干扰促进了最大的植物多样性。

种植设计工具包

在上一章中，我描述了一些野生或半自然植被的常规模式，这些模式构成了我自己种植设计方法的基础。 在本章中，我将讨论如何应用这些概念。我的目的是提供一套简单的方法，可用于发展本书所要涉及的茂盛种植，而不是使您陷入大量的技术细节中。本书没有植物目录或推荐的植物列表，更多的是关于一组想法、理念以及一系列潜在的注意事项和步骤。这是开发各种令人兴奋的新植物组合以及经过试验和测试的组合或进行调整以适应不同气候区域的起点。因此，让我们继续研究如何将自己的"自然灵感"运用到自己的种植方式中去。

创造空间

我希望看到并鼓励这种种植方式广泛推广使用，使其成为主流而不是少数人的兴趣。 如果该种植技术过于艰巨，以至于大多数人甚至试都不想试，那就不会成为主流。这并不是很容易，因为有一些重要的思想需要牢记在心，但我希望揭开其神秘面纱，并筛掉除最基本内容以外的所有信息。如前所述，自然主义种植设计已分为几种截然不同的流派，好处是我们可以将其中一些内容结合起来，择优进行使用。

本章的主要内容与组织种植区域的细节有关，但是首先我们需要了解更大的背景，并考虑如何使用自然主义原理来组织和人工景观。

我已经讨论了使用种植来创造空间而不是填充空间的想法。因此我们需要将上一章介绍的原则应用于景观和花园空间结构。我不会详细介绍如何设计空间：有很多优秀的书籍都对此进行了深入探讨。我假设不管您要处理的区域尺度如何，您都已经对空间进行了一些基本的现场评估，并大致了解了土壤类型、朝向、微气候以及空间的各种功能 。

重要的是要熟悉当地和区域的植被类型和植物群落，了解典型的模式，定义该处视觉特征的关键物种和文化因素。这不一定是您可以复制的内容。 这更多的是要了解该地区的特色和生态，从而使您的工作变得"切合实际"。

说到创造空间，我无法与1980年代后期在美国花园俱乐部期间遇到的达雷尔·莫里森相比。 达雷尔是美国调谐自然种植设计的资深人士，我与他的方法产生了共鸣，这与我一直感觉到但无法完全表达出来的感觉一样。我很幸运地说服他在《动态景观》【泰勒和弗朗西斯（Taylor & Francis），2007年】中撰写了一章，这本书是我与詹姆斯·希契莫夫合编的关于自然主义种植设计的书。 以下步骤顺序就是以达雷尔在该章中的建议为基础。

1 现场分析（Site analysis）

除了对土壤、地质、气候和生态环境进行大规模观测外，更小范围的微环境观测也可能特别重要。这些区域包括阴影强度和持续时间、排水不畅的区域（一年中的部分时间将是积水的）或非常热的干燥区域范围。所有这些都受建筑物的影响——例如铺装的表面以及向南和西向的墙面会辐射并反射热量。

2 使用者分析（User analysis）

在这里，您可以确定该空间未来使用者的主要需求及其功能要求。研究道路通过的主要出入口和交通流线，并标出一些特定用途和功能布局的最佳位置以方便使用者。

3 地块／空间分析平面图（Mass-space plan）

这个概念是自然主义花园或景观布局的核心。因此一张平面图极其重要性——这可以创建一个流动的、协调的平面图。正如达雷尔所说：

"现场分析将确定'给定的'地块（例如建筑物和现有的植被体量），以及开放空间（例如铺装地面、露头的岩石、开放水域、低植被区）。进行使用者分析将确定当前的绿地哪里需要围合、屏蔽或构建空间，也可以帮助了解是否需要开放空间来容纳特定活动。根据这两种资料，可以制作地块／空间分析平面图。"

4 分配建筑模块（Assign building blocks）

然后将地块／空间分析平面图中的地块转化为方案的"墙壁和天花板"，从而确定适当的结构"建筑模块"。这些空间可以转换为适当的"平面图"建筑模块：例如草甸和湿地，以及草坪或铺装地面。

5 选择植物（Choose the plants）

在此阶段，选择适当的植物群落和种植方式以用于各种"建筑模块"。

对页图　在种植设计术语中，地块可以简单地定义为包含或塑造空间、阻碍或阻止运动、或阻挡视线的植被。可将空间定义为填充空间的、或者允许视线穿过、或可以轻松地在其中移动的植被。在这里，开放空间的流线顺序是由不同层次的植被结构或体量形成的。草坪被高高的莎草包围。在更高的层次上，整个空间由周围的树木界定。

上图　地块和空间的另一个多层示例。敞开的林间空地被橡树林环绕，周围被多年生植物、蕨类和草类的混合植物填满。而这又由蜿蜒围绕着该地面种植的宽阔步道进一步界定。

上页图　在美国宾夕法尼亚庭院里的牛膝叶佩兰（*Eupatorium hyssopifolium*）斑块组合，以及丝兰叶刺芹（*Eryngium yuccifolium*）散布的穗状花序和球状种子头穿过草原鼠尾粟（*Sporobolus heterolepis*）的基质层向上生长，偶尔有些多杆水桦（*Betula nigra*）点缀其中。

顶图　位于阿姆斯特尔芬的杰克·蒂斯公园的广阔开放式流动空间是通过种植多层林地来构筑和塑造的。

左上图　少量的干预会造成空间上的分隔：在这里，一排松散的柳树使雷克雅未克中央公园（Reykjavik's central park.）的一条小路绕离了湖面。

右上图　该空间由植被以多种不同方式构成。周围的树木营造出非正式林间空地的气氛，边界上的松散不规则灌木林进一步增强了这种气氛。但是，低树篱中有一个更正式的环绕元素，包围着"平面图"的草地。然后在较大的林间空地中，是一个更宽敞的私人空间，其中带有一个座位，并由较高的绿篱围合。

　　　　　　　　　　　　　　　　　　　　　　　　　　　　　　　　　　　　种植设计工具包

"建筑模块"

一旦确定了空间结构和序列，就可以确定植物群落类型以建立该结构。

在这一点上，我们可以继续考虑这些"建筑模块"的细节。本章其余部分的重点将放在"地板层"种植上，因为该层在其他类型的"建筑模块"中持续流动，通过该层我们可以真正掌握创建完整的沉浸式体验的概念 。我们将考虑一种种植设计的通用方法，这将帮助您创造出本书中所介绍的"强化自然"特征。

"建筑"类型	参考群落	细节
地板	草原 湿地 林地的地面层	草甸 北美草原 欧亚草原 鲜花草地 城市 重组有机体
墙体	灌木地 林地边缘 柱子与柱石	灌木 矮林
天花板		阴暗林地 光照良好林地 先锋树种林地 疏林草地 林间牧场 果园

谢菲尔德将军墓地：沿主路径视线，右边有锦熟黄杨（*Buxus sempervirens*）的条带，左边是矮树丛。
设计 奈杰尔·丁奈特

然后还有更多细的层次：例如不同类型的草甸或光照良好林地层次更多 ，您可以开始将这些"建筑模块"组合放在一起，以"建造"景观。 组合可以千变万化。 例如： "开花的草坪+草地+果园+小灌木林"构建了一个极具吸引力的半开放式人造花园，该花园极具观花和结构上的趣味。

左上图　春季的矮林地，上面有开花的多杆唐棣属植物。

右上图　早春时，连翘用作林地边缘植物，在草地边缘创造了"金丝带"。

左中图　在夏季，连翘成为草地的简单绿色背景。

右中图　沿林地边缘有白色花朵的树梅（*Rubus odoratus*），在草原上有起绒草（*Dipsacus fullonum*）。

左下图　条带的锦熟黄杨种植创造了空间分隔。

右下图　初夏的多年生植物，其中有多年生植物拳参（*Persicaria bistorta*）、巨根老鹳草（*Geranium macrorrhizum*）和"阿尔巴"银叶老鹳草品种（*Geranium sylvaticum* 'Alba'），而对面的小灌木丛下则种植多年生植物和蕨类植物。

种植设计工具包

线条

在进行详细设计之前，我经常要做的第一件事是在种植区域中划一条线。这条线通常是霍加斯（Hogarth）经典的"美丽线（line of beauty）"的变体：弯曲的S形曲线。就像蜿蜒的河流一样，与上一章中显示的示例如出一辙。这是一个组织原则，也与易读性有关。它使眼睛穿过并进入种植区域，即使采用非常复杂的方案，也可以使观看者一目了然地理解其结构。这个想法在所有尺度规模上都有效，从而可以建立空间序列作为整个花园或景观的基础。该线可以用来在视觉上连接附近或邻近的种植区域，并且在单个种植区域内为其他所有操作提供起点。

重要的是，流线方向与种植的主要视点方向要一致。除非种植区域深度足够大，否则很少直接从前面开始。通常从起始线开始，向着任何一端延伸，以产生尽可能长的曲线。

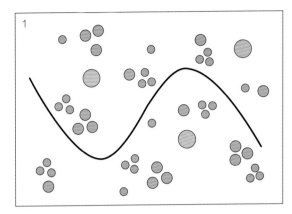

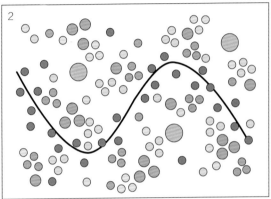

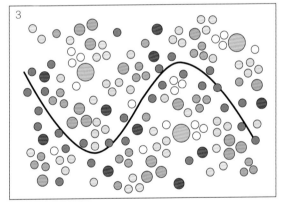

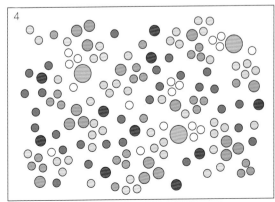

上图 特色种植中盛开的阔叶风铃草品种罗登安娜（*Campanula lactiflora* 'Loddon Anna'），在羽毛芦（*Calamagrostis brachytricha*）苇草丛之间的流动。

右图 这些图展示了使用本章稍后将全面介绍的方法进行的种植。每个不同的彩色圆圈代表不同的植物种类。在图1中，该线引导主要结构植物的配植。深紫色的圆圈代表多杆灌木，它们被首先设定好位置（作为主要的"锚点"植物）。淡蓝色的圆圈是重要的结构多年生植物，其与最先布置的锚点植物有松散的关系，然后再布置一组其他的多年生植物（粉红色的圆圈）与它们相关联。这些物种的排列都遵循我们在上一章中讨论的聚集模式。图2和图3展示了逐渐填充植物，其他更远的物种以"重心"为中心布置。在图4中，原始的参考线已被删除。乍一看似乎是随机混合，实际上具有强有力的组织基础。

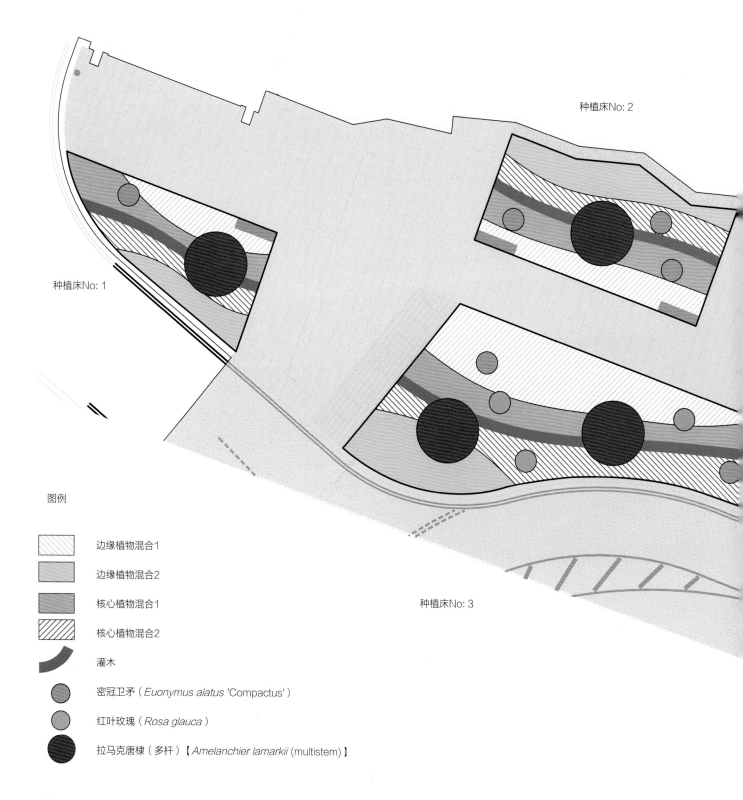

种植床No: 2

种植床No: 1

种植床No: 3

图例

边缘植物混合1	
边缘植物混合2	
核心植物混合1	
核心植物混合2	
灌木	

密冠卫矛（*Euonymus alatus* 'Compactus'）

红叶玫瑰（*Rosa glauca*）

拉马克唐棣（多杆）【*Amelanchier lamarkii* (multistem)】

这个计划展示了伦敦国王十字区的一个更大的种植计划概念的一部分。 该场地包括沿繁忙步行街景的一系列种植区。 为了在这些独立的种植床之间产生连贯性和联系，在所有种植床之间绘制一条参考线以创建视觉联系，然后将其转化为建筑或结构植物的中央条带。沿着原始参考线流动的斑块种植带定位了四种不同的多年生植物和草的混合物。另一层多杆小乔木和灌木丛以更随机的方式定位，但又以原始参考线为指导。

种植床No: 4

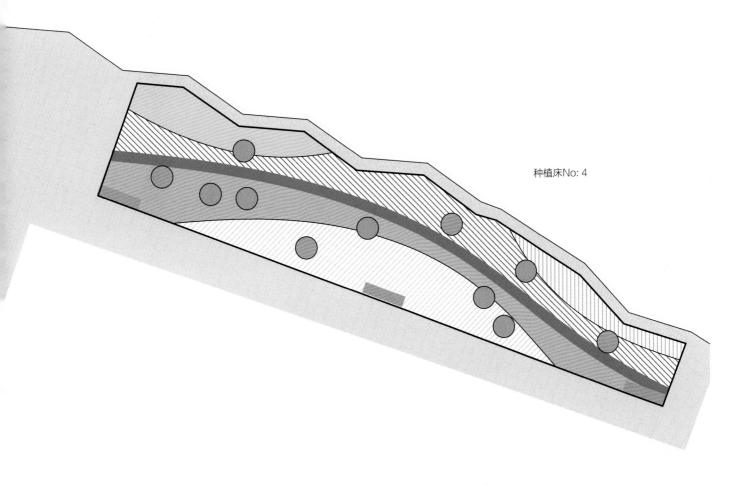

案例研究：特伦姆林地花园

设计：奈杰尔·丁奈特

实施：2016年春季

特伦姆花园的新林地花园沿万能布朗湖（Capability Brown lake）的一侧延伸。被忽视数十年的后，2015年这片古老的橡树林中下层茂密的杜鹃花丛和入侵的木本岩槭（*Acer pseudoplatanus*）得到清理，形成了干净的林地地面层和高树冠下的长视线。

我想重塑林地花园的概念，并摆脱通常的零星树木和灌木丛。相反，我计划强调开花林地草本地层的美丽，并在充满鲜花的野外重现林地的情感氛围。除了春季英国林地的植物外，我还想采用一些北美东部森林的景象，那其中分布着延龄草、黄水枝和福禄考。我在阿姆斯特尔芬海姆公园的经验对我塑造强烈的绘画效果的想法影响很大。

但是如何去做呢？为了充分利用长视线，我采用了上一章概述的许多原理，利用不同多年生植物、草和蕨类植物的混合种植形成长的斑块种植带，并形成一些跨物种和混交的边界。我在整个场地上布置了几条弯曲线，以定义混合种植的松散边界。这些线条可以在将来无限期扩展以扩大播种面积。我用松散的蕨类、莎草和草类来形成这些线条，这些线条稍微延伸到相邻的混合种植中，并且在这些混合种植中也掺入了一些相邻种植带中的植物。

下图　特伦姆花园（Trentham Gardens）的林地花园概念围绕着一系列界定性线条进行了组织。首先（图1）沿着场地的长边绘制了三条线，这形成了以颜色为主题的四种不同多年生植物的流动斑块种植带。其次，为了形成对比，在其上部绘制了一条蜿蜒的线（图2），这样在这些斑块种植带中可插入一系列其他植物。然后将生成的图案转换为包含四种植物混合种植的设计，并可进一步的插入其他混合种植，该混合种植主要基于常绿的叶子与大规模的多彩开花混合植物形成的鲜明对比（图3）。

对页顶图　在夏末和秋季，北美混合种植又出现了一次引人注目的开花，其中包括蓝色的'黎明'大叶紫菀（*Aster macrophyllus* 'Twilight'）和白色的白木紫菀（*Aster divaricatus*）。仍然可以清楚地看到不同混合植物之间的划分。

对页底图　10月下旬，发草（*Deschampsia cespitosa*）的种头在橡木和山毛榉林地下形成朦胧的一层。

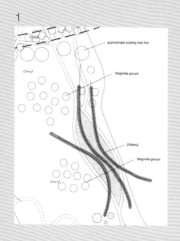

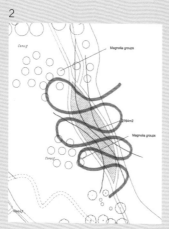

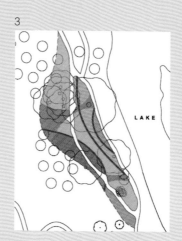

第一排　分隔不同混合种植的线条被钉住；这些分隔条上种有莎草、蕨类和草类。植物定位好后，可以用三种混合种植形成斑块种植带。

第二排　这种混合种植以粉红色和白色的荷包牡丹〔Lamprocapnos（Dicentra）spectabilis〕为特色，可开花数月。在夏天叶片会变成秋天的黄色。

第三排　这种主要是以春季蓝色、黄色和白色花的混合种植为主，由欧报春（Primula vulgaris）、在春季与报春花（寻常樱草）、蕨类、淫羊藿和肺草属植物混合在一起。在初夏流苏蝇子草（Silene fimbriata）的白花照亮了树影下的空间。

下排　北美春季混合种植，其中有'春季交响曲'心叶黄水枝以及有引人注目的鲜亮叶片的大羽鳞毛蕨（Dryopteris wallichiana）。大量的黄水枝及散落的百花荷包牡丹（Lamprocapnos spectabilis 'Alba'）斑块种植带不断重复出线，其间有冒出的绿色紫菀叶丛。在初夏虎耳草开始褪色，但它们周围的大叶紫菀'黎明'（Aster macrophyllus 'Twilight'）的叶片正茁壮生长。这是种植设计"分层"原理的一个案例。

对图　在冬天，沿着莎草、蕨类和草的边界，紫菀的种头展现出引人注目的效果。

混乱中的秩序

在本章的其余部分，我们将介绍自然种植设计的组织结构。这是一种方法，一个提炼个人的方法和思想的过程。我之所以这样做，一定程度上是因为 我认为现有许多方法非常令人困惑，陷入了大量的技术术语，或者根本不符合我自己对自然系统如何运行的观察。长期以来，我一直认为需要一种更简单的方式来处理自然主义种植设计，而这种方法不需要对植物学或生态学有深入的了解。这也是我对越来越普遍的自然主义种植设计所使用的（或技术派）"随机化"方法忧虑的一个回应，这会使我们错过种植设计中一些最令人兴奋和最具创造力的方面——特别是在考虑到植物群丛的细节时。因此我认为有必要将本书第一章中讨论的所有三股流派中的所有元素整合到一起。

我们从一个隐喻开始。这是一个概念性的框架，我会一遍又一遍提到这个框架。部分原因是由于我们在本章中讨论的方法具有通用性，是一套可以在任何地方应用的原则和思想。但更主要是由于如果我们想创造一种自然感，那么我们就会以自然法则为出发点。这就是为什么我称其为"通用种植"。

我们所有人都曾经看到过令人惊叹的卫星图像，这些图像从太空看向地球，从大洲、国家、地区到城市等各个地方逐渐放大。实际上仅打开"Google地球"就可以看到这种图像，只需几秒钟即可从太空放大到自己家的后院。不同尺度的思考为您提供了全新的视角，并使您可以看到更大的图景。 因此，本着这种精神，让我们进一步扩大视野！

我们的星球是绕太阳系旋转的行星，是太阳系的一部分，而太阳又与其他恒星和行星系组成我们的星系，即银河系。 反过来，星系团是由数百个到几千个星系组成的结构，这些星系通过重力结合在一起，这些星系团可以组合在一起形成"超星系团"。 当您认为一个单独的星系可以包含数十亿颗恒星时，一个超星系团就代表了真正庞大到难以理解的规模的组织结构。

您可能想知道这与种植设计有什么关系！关键是前面的句子中提到的"组织结构"。在我们的宇宙中，自然法则无处不在，其作用于了一个组织结构，其规模从难以置信的小到难以想象的大。 它们会根据一开始似乎是随机的混乱情况建立一个模式或秩序，有时您需要以适当的比例查看才能发现该模式。 正如在上一章中所看到的，根据您所看的比例，会出现不同的模式，并且当您处于任何特定的比例时，很难理解其他比例的情况。

从原子到超星系团的整个空间范围内所有不同层次组织的基础是重力。根据物理学原理，任何具有质量的物体都将成为重心，并且根据该物体的大小或主导地位，其他物体会围绕该物体聚集更远或更短的距离。使某个对象成为重心的思想是我组织种植的基础。

通用流程

我将自然种植设计的方法称为"通用流程"或按照字面也有"广泛的流动"之意（'Universal FLOW'）。"通用"具有两层含义：表示这是一种可以广泛应用的方法，并不局限于世界某些地区或特定的植被或种植类型，而是可以在任何地方使用的一组原则；这也是整个过程和一系列思想的隐喻，我们将在稍后进行介绍。"FLOW"是首字母缩写词，由四个单独的部分组成，每个部分处理种植设计过程中的一个或多个关键元素：力和流动（Forces and flow）、层次、秩序、波。

● 力和流动 描述了在任何给定区域内影响植物的因素，并涉及植物的空间或水平排列。

● 层次 是指植物的垂直排列，也指空间的边界和划分。

● 秩序 是关于如何在种植中营造统一感、连贯性和可读性。

● 波 指种植随时间变化和管理的动态问题。

这些要素没有优先顺序，但是一旦正确考虑了各个要素，便可以完成种植计划。

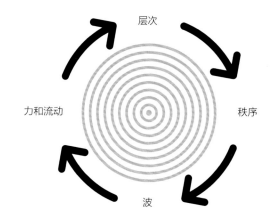

但是，"FLOW"也描述了该概念本身的字面意思。流动、方向和移动的概念可使种植变得生动。我的设计从来都是以此开始，因为如果没有它，方案就会缺乏能量和活力。这也是该方案中植物空间分布的基本原理。自然主义种植设计的大多指导都要么是都进行随机种植，要么是主要结构植物或"突显植物"分散分布。问题是，是什么决定了这种分散的布局？通常答案是根本没有任何依据。但是我们确实需要在种植中注入一种目的感，而不是依靠随机的方法来建立主要框架。

左图 作者于2013年切尔西花展获得金奖的花园细部，该花园拥有北美东部多层林地种植。这些植物在生态上适合相互搭配，并以自然混合的形式种植，但是，还需要仔细考虑颜色、质感和形式。淡蓝色的福禄考品种'Clouds of Perfume'（*Phlox divaricata* 'Clouds of Perfume'）和'春季交响曲'心叶黄水枝（*Tiarella cordifolia* 'Spring Symphony'）作为前景，斑点老鹳草'Elizabeth Anne'（*Geranium maculatum* 'Elizabeth Anne'）中点缀红色的"突出的"加拿大耧斗菜（*Aquilegia canadensis*）为背景。

力与流动

在物理学中，力作用在物体上并引起反应。在我的"FLOW"种植设计模型中，力的概念就是我如何思考方案中不同植物之间相互作用的方式。在这里，我们将以自然主义的方式详细考虑植物的空间分布，而这反过来又与植物定点和配植的实际方法有关。

力限定种植（Forces define the planting）

在任何特定场地中，作用植物上的力的概念是植物生态学的基础。生态学被定义为"关于生物与环境之间相互作用和关系的研究"。这些相互作用导致种植的成功或失败。

我们可以将这些相互作用和影响视为决定植物如何在任一地方生长的"力量"。理解并运用这些力量是自然种植设计的基本出发点。这就是为什么对场地条件进行基本评估是种植设计过程中至关重要的第一步：作用在该位置生长或将要生长的植物上的力是什么？温度、湿度、pH、养分利用率、向阳程度和光照水平只是决定植物生长的一些物理"力"。当然，我们可以修改场地，使这些力更趋于良性，从而使我们能够发展种植自己想要的任何东西，但是我们离自然条件越远，则长期来说需要更多的能量来维持这些新条件。

重心原则（The centres of gravity (COG) principle）

作用于植物的不仅是外部物理"力"，而且植物之间的相互竞争作用也将影响种植结果。无论是外力还是内力，种植策略理论（第100-103页）为理解多样性、共存性和相容性以及如何在不同情况下进行养护提供了基础。保持适度的压力和/或干扰是关键。重心（COG）原理让我们了解作用在植物上的"力"是植物选择的驱动力，也促使人们考虑如何布置植物。重心原理描述了植物物种个体的聚集分布，这是迄今为止最常见的植物分布模式。这是"具有离群植物的成丛"安排，我将其用作制定方案的基础。不要使用植物随机布置（如随机种植法、使用种子混合物）或任意散布、均匀斑块的形式，而要考虑重心。这就是力的概念的由来。想象一下，同一物种的个体集群是重心，它施加的吸引力随您离中心越远越弱。您将在核心处拥有一组更紧密的植物，并且随着离核心处越远而越稀疏。这成为了种植的基本单位。然后想象一下，这个重心不仅吸引了相同物种的个体，还吸引了其他物种的个体，这些物种本身将具有相同的集群分布。使用这种基本模式将不同物种混合在一起，很快就会建立一系列复杂的相互作用。第111页的图序列显示了如何建立。

一切都在于混合（It's all in the mix）

在进行自然种植时，我们主要处理植物混合，而不是按照严格的平面进行明确的植物分组。我们考虑组成混合种植的物种及各种需采用的比例。通常，我会在任何一种混合种植中使用至多20种植物，如果品种远远超过此数量，每种植物就会变得太稀疏。

如果按照自然主义设计的技术派思想，混合种植的植物将被随机种植，从而获得真正的自发效应。我希望对混合种植中的植物群丛有更多的控制权，所以我的工作不同于技术派的做法。为此，我需要更宏观地考虑植物类型。

我们将研究两种主要类型学问题：植物结构类型和植物生长形式。这些有助于我们决定如何制定和创建种植细节及组合以使种植成为一个整体。

上图 在西米德兰兹郡（West Midlands）的工厂场地进行的种植是通过使用种子混合物创建的，并没有种植平面图。 在秋天，紫球'荷兰菊（Aster 'Purple Dome'）是用作结构的草类中的优势植物。植株在冬季依然挺立，在一月后进行回剪，然后在春季清除。

左图 该混合种植在场地附近的几个区域使用，并由不同百分比的物种组成，

以产生所需的效果。在这里初夏时蓍草（Achillea 'Moonshine'）正在盛开。

右图 在夏季的晚些时候，主要供观赏的有：火炬花、白花的华丽丽波鸢尾（Libertia formosa）和绿花的柔毛羽衣草（Alchemilla mollis）。 还可看到较早开花的蓍草种头。
种植设计 奈杰尔·丁奈特

植物结构类型（Plant Structural Types）

景观和园林设计师对植物的分类有所不同，以下是我的做法。与其他一些分类相比，该方法更灵活，并且与建筑模块的概念相同，它们经过调整以从视觉和结构的角度帮助构建植物。大部分种植区将基于混合种植，而不是传统的种植规划。在植物定位种植时，需将植物在平面图中显示，否则，则需要确定组合中不同植物的比例。这种方法与制作平面图一样，主要探讨如何在地面上安排这些植物。

我一直在思考每个物种如何在整个区域中分布，而不是将它们整体可视化。这就是我处理分层和波浪或色彩效果的方式。因此，当我开始种植定位时，我会逐个物种进行种植，而不是将种植的一部分全部填满，然后再进行下一部分。我按照以下植物类型的顺序进行操作：锚点、卫星和自由漂浮植物。

锚点（Anchors）

锚点植物是起点，它们限定了种植；我称它们为锚点是因为它们是其他所有事物围绕其旋转的固定点。它们是重心，施加最大的拉力。没有它们，种植方案将四分五裂，因此您需要对它们的放置有一个清晰的认识。我使用三种不同类型的锚点植物，每类植物都有不同的功能。

a）结构锚点植物

结构锚点植物类似于其他设计师分类中的结构植物。它们具有强的植物造型，并且使用的数量相对较少。它们可能是苍劲的草或多年生植物，也可能是多杆树木或灌木，可在种植中形成支撑或支柱。通常，它们不会成为任何植物混合物的一部分，会在种植平面中单独布置，从而在混合物图案的顶部形成覆盖层。我经常使用S形线来确定这些锚点的分布（请参阅第111页）。

如上所述，结构锚点植物通常位于各个混合物的外部。但所有其他类型的植物都位于单独的混合物中。

b）基质锚点植物是将方案结合在一起的粘合剂

基质是自然种植中的一个老的想法——为种植的较低层，高大的植物可以穿过它们生长，但是基质在视觉上将它们固定在适当的位置。在草甸状的植物中，基质锚点植物很可能是草。通常，它们将被大量使用，并是构成大部分种植的植物混合物的一部分。但是，需要首先列出它们，因为它们的排列方式决定了其他所有植物的位置。

左上图　结构锚点植物通常是种植中的明星角色，并且使用的数量相对较少。在这里，像涌泉的弯叶画眉草（*Eragrostis curvula*）是地中海一年生植物场地中的结构锚点植物。德文郡（Devon）的花园别墅。
设计　基思·威利（Keith Wiley）

右上图　常绿大戟（*Euphorbia characias ssp. wulfenii*）是位于巴比肯山毛榉花园（Beech Gardens）的结构锚点植物，在种植时就先于其他植物种植。
设计　奈杰尔·丁奈特

上图　基质锚点植物倾向于大量使用，并不一定非要成为明星。　但是它们通常是必不可少的起点，因为它们提供了将其他所有东西结合在一起的"胶水"。在特伦姆花园（Trentham Gardens）的多年生草地上，针茅属观赏草（*Stipa calamagrostis*）和发草（*Deschampsia cespitosa*）被用作基质锚点植物。图中针茅属观赏草才开始开花。

设计　奈杰尔·丁奈特

左图　上图中的两种草作为基质锚点植物被定位，然后再围绕它们布置任何其他物种。

对面　初夏，在特伦汉姆花园的多年生草地。　在主要多年生植物开始开花之前，仍然可以看到用作基质锚点的观赏草。

c）特色锚点是特定主题或种植特色的基本出发点

从结构意义上讲，它可能不是结构性的植物。相反，它可能具有特定的颜色或形式，或者可能代表特定植物群落的精髓。锚点植物的价值在于，它们不仅为种植提供了结构和原理，而且还允许加入植物群丛的元素，这是随机种植做不到的。您可以在单个方案中使用所有三种锚点，也可以使用主锚点和次锚点，这些锚点将构成组合中其他植物关联的基础。第111页上所示的方案展示了主锚点和次锚点序列。

顶排：在巴比肯（Barbican）的草原植物中，两种草被用作基质锚：照片中正在开花的亮叶蓝禾（*Sesleria nitida*）和蓝色燕麦草（*Helicotrichon Sempervirens*）。正如它们的名字所显示，因为这两种耐旱的草，这些草甸植物整体呈现蓝绿灰色的外观。
设计：奈杰尔·邓尼特

底排：矩阵锚可以不是草。在这里，实际上常青的多年生细叶杂色植物——肺草'棉凉'（*Pulmonaria* 'Cotton Cool'）（在春天开蓝色花）被用在特伦瑟姆的林地花园中作为一个矩阵，它们可以在发草（*Deschampsia cespitosa*）上制造一层朦胧的花，这个组合还包括蕨类植物和杂色多年生植物。心叶牛舌草'杰克弗罗斯特'（*Brunnera* 'Jack Frost'），四季都可观赏。
设计：奈杰尔·邓尼特

对页：矩阵锚种可以是任何高度。在上图中，非常直立、健壮的羽毛芦苇草'卡尔·福斯特'（*Calamagrostis* × *acutiflora* 'Karl Foerster'）和在簇簇叶丛中盛开着石灰黄色花朵的沼泽大戟（*Euphorbia palustris*）一起构成矩阵。在今年晚些时候同样的景观中（下图），草正在开花，而马鞭草（*Verbena bonariensis*）和千屈菜（*Lythrum salicaria*）的紫色花朵与魔噬花（*Succisa pratensis*）融合在一起。
设计：奈杰尔·邓尼特

卫星植物（Satellites）

接下来是"卫星"物种。这些植物在锚点周围聚结，并且有助于形成显著的种植特征。就物种数量而言，它们将占种植的大部分。它们将提供主要的视觉吸引力，并提供开花的连续性或其他美学价值。

以上所有类别均符合重心（COG）原理，有着核心组群和离群的植物。我发现最简单的方法是以单个物种为"单位"种植：一丛三棵植物，其中一个离群随机分布在空间中。第111页上所示的方案使用此方法。以这种方式从主要的锚点植物开始种植，然后种植卫星植物，您按物种逐个进行种植，逐渐填满空间。

本页　在2012年伦敦奥林匹克公园的欧洲花园中，大滨菊雏菊杂交种（*Leucanthemum × superbum* 'T. E. Killin'）（右图放大细节）被用作围绕在基质锚点针茅属观赏草（*Stipa calamagrostis*）周围的卫星物种。
设计　奈杰尔·丁奈特和莎拉·普莱斯

右图　皱叶剪秋罗（*Lychnis chalcedonica*）是特伦姆花园（*Trentham Gardens*）多年生草地上的卫星物种，位于针茅属观赏草（*Stipa calamagrostis*）和发草（*Deschampsia cespitosa*）的基质内。
设计　奈杰尔·丁奈特

下图　巴比肯山毛榉花园中的卡拉多娜鼠尾草（*Salvia nemorosa* 'Caradonna'）作为卫星植物围绕着常绿大戟（*Euphorbia characias* ssp. *wulfenii*）。
设计　奈杰尔·丁奈特

自由浮动植物（Free-floaters）

自由浮动植物等同于一些其他分类系统中"填充植物"。它们是用来填空的，是方案在视觉上是否成功的一个重要条件。基本上有三种类型的自由浮动植物，它们都可以在种植结尾时引入，并适当地放置在空隙和空间中。

a）一年生植物和两年生植物；前者将在它们生长季结束时枯萎死亡，但很可能会在未来几年自播繁殖。它们可根据种植方案需要每年播种或种植以增加新鲜度和活力，或者仅在第一年使用它们来填补永久性植物之间的空白，因为那时永久性植物仍然相对较小。

b）短周期的多年生植物可能会作为方案的一部分被引入，很大一部分视觉趣味来自它们。但是，它们可能只出现在最初的几年中，然后逐渐消失，尽管有些可能是自播植物。

c）球根植物是早期和中期必不可少的主要观赏对象，通常在方案中提供最早的开花，并且在后期其花朵可穿过生长较矮的植物，爆发出季节性能量。

上图 伦敦奥林匹克公园的加利福尼亚银行（The California Bank）使用自播的花菱草(Eschscholtzia californica)在南坡创造生动的效果。
设计 奈杰尔·丁奈特

对页顶图 巴比肯的草原草甸种植中使用了许多自由漂浮的和短暂的植物。在图片的中心可见大花葱品种环球霸王（*Allium* 'Globemaster'）在初夏季节花开了，还有赤红的马其顿川续断（*Knautia macedonica*）花头和亮粉红色花朵的鹭嘴花（*Erodium manescavii*）。球根植物在整个植物中分布相当均匀，马其顿川续断和鹭嘴花都是短暂的多年生植物，可以自由地在周围播种。
设计 奈杰尔·丁奈特

对页底图 白花毛剪秋罗（*Lychnis coronaria* 'Alba'）是另一种短暂的多年生植物，它本身会长出种子，与瓶刷状的小穗臭草（*Melica ciliata*）一样。一年中的大部分时间里，花葱种头仍然会保持特色。
设计 奈杰尔·丁奈特

对页顶图　在萨塞克斯郡大迪克斯特宅中（Great Dixter）使用了大花葱，这些花朵在较大丛的晚花多年生植物中是较早开花的。欧耧斗菜（*Aquilegia vulgaris*）杂交种可在种植中自行播种，后面还有白色的北香花芥（*Hesperis matronalis* 'Alba'）。

对页底图　在作者的花园中，一年生植物被非正式地用于永久性种植。 多年生观赏草丛之间有白色的海角雏菊（*Venidium fastuosum*）和紫色的'黑球'矢车菊（*Centaurea cyanus* 'Black Ball'），后面的高大植物则是大阿米芹（*Ammi majus*）的花朵。

上图　这是一个播种过的草甸，其中包含许多两年生植物和短暂的多年生植物，用于临时的城市用地，目的是反应一些废弃城市空间中的殖民的短周期物种的精神。将种子混合物播种在多杆山樱花（*Prunus serrula*）的孤赏树周围。优势植物是直立的黄木樨草（*Reseda luteola*），一旦建植，它将重新散播种子。
设计　奈杰尔·丁奈特和景观设计学会

下页　伦敦奥林匹克公园的史迪奇草地（Stitch Meadows）在更永久、更健壮的多年生植物中使用了许多自由漂浮植物。这里的例子包括紫色的丹麦石竹（*Dianthus carthusianorum*）和黄色的牛眼菊 *Buphthalmum salicifolium*）。
设计　奈杰尔·丁奈特和詹姆斯·希契莫夫

上图　在特伦姆（Trentham）的林地花园中，白色流苏蝇子草(Silene fimbriata)是一种自由漂浮植物，也是短暂的多年生植物，可播种到更多永久物种之间的缝隙中，例如开花的多年生掌叶大黄品种 'Atrosanguineum'（*Rheum palmatum* 'Atrosanguineum'）。

顶排左图　巴比肯山毛榉花园中的一系列垂直形式，其中包括非常直立的糙苏种子头、紧密垂直的芒草品种" Undine"和多杆李属植物，以及亮叶蓝禾（Sesleria nitida）的低矮松散扇形。大戟的圆形叶片则形成了强烈的对比。

顶排中图　在作者的花园中，严格直立的芒草（'Kleine Silberspinne'）与松散的喷泉形针茅（Stipa calamagrostis）形成对比。

顶排右图　严格直立的羽毛芦苇草品种（Calamagrostis × acutiflora 'Karl Foerster'）与凤尾蓍（Achillea filipendulina）扁平种子头之间的强烈对比。
设计　丹·皮尔森

中排左图　山毛榉园中严格直立的黄色糙苏，紫色鼠尾草和白色丽白花与圆形的大戟形成完美搭。

中排中图　草甸状的种植往往以平坦的形式和垂直的植物为主，例如伦敦英女王伊丽莎白二世奥林匹克公园的北美花园。

中排右图　在奥林匹克公园的"缝合"种植园中，野胡萝卜（Daucus carota）的扁平白花和严格竖直的毛蕊花之间形成强烈的对比。

下排左图　重复且间隔较大的圆形与下面低矮的底层植物相对比非常有效。

下排中图　在美国宾夕法尼亚州这个花园中，低矮的草原鼠尾粟（Sporobolus heterolepis）形成下层的基质纹理，"突出植物"从严格竖直到松散。

下排右图　肯特郡西辛赫斯特（Sissinghurst）城堡的坚果步道中的纹理和形式对比强烈。

兼容性（Compatibility）

在关于空间布局的章节中使用"力"做比喻的一个重要原因是，在自然主义设计方案中，植物选择的主要考虑因素之一是竞争兼容性。仅出于美学目的将多物种混合在一起是没有意义的，最终只是其中一种或两种具有竞争优势并主导了其他所有物种。它们需要能够共存而无需持续维护。为了避免过度混合竞争，我们需要做两件事：首先，确保系统受到适度的压力或干扰，以阻止优势植物；其次，避免首先选择优势植物。

如果以设计目的，我本可以针对植物的功能分类进行详细介绍，但与本书中的其他内容一样，我要使事情尽可能简单。对我来说，只需要考虑两个主要因素：繁殖能力和生长速度。在这方面，我们可以将植物分为三种主要类型。

● 可无性繁殖植物或形态开展易萌蘖的植物是典型的主宰类型，它们通过无性繁殖生长蔓延到邻近区域占据更大空间。

● 团块形植物通常保持在同一位置，形成更紧密的团块，当然随着时间的推移团块也可能变大。

● 自播植物会繁殖并扩张。

在这些类别中，植物还可以根据其生长和繁殖方面的侵略性分为：弱、中和强三类。以下是如何在组合植物时使用这些概念的示例。

a）为了创建多样化的多年生草甸样混合种植，我主要使用团块形植物，这些团块形植物的侵略性较弱至中等，并与一些弱至中等的自播植物和较弱的无性繁殖系物种混合。应避免使用所有表现出侵略性的物种——它们将是优势植物。

b）在非常肥沃或潮湿的场地，我不太担心克隆或形态开展易萌蘖的植物，而是使用可以相互抗衡的侵略性物种以及健壮的团块形植物。

c）对于临时方案，或者为了创建充满活力的"弹出式"草地，我主要使用自播植物，也许会在其中种植健壮的团块形植物。

植物生长形式（Plant growth forms）

根据植物的生长形式对植物进行分类的方法有很多，但是出于设计目的，可以将它们分为三种主要类型：

● 直立形
● 圆形
● 扁平形

我们可以根据植物的高度以及形式的稳定程度进行进一步划分：

● 严格
● 中等
● 松散

例如，严格的直立型可能是紧凑的圆柱形，而松散的直立型可能更像喷泉。

并没有固定公式来辅助计算为了达到理想效果不同植物类型所应采用的比例。但是，对于草地般的美感来说，过多的圆形将产生非常厚重的外观，而大多数扁平形植物将产生更加自然的效果。圆形和直立形会形成对比，可较少量使用——并排种植大量高大的直立形植物很少能产生令人满意的效果。在压力很大的情况下，许多耐久型植物的形状将更加圆润，如果枝叶不是太密集的话，看起来会更好，并且相对而言，直立形和扁平形植物的数量较少。可以简单地勾勒出目标植物株形搭配的草图，然后使用该方案搜索需要的植物，再将植物名与株形对应起来。

我再度重申，对于自然主义种植中使用的不同类型和形式的正确比例，没有严格的规定。确实，正如我之前暗示的那样，在我们提炼出规律的地方，往往是基于相对有限的草地或草甸植物群落类型。如果这本书只强调一件事的话，那就是要敦促大家进行试验，而不是遵循一系列规则——这不是野外自然运行的方式。

最好的建议是"研究自然模型"。了解什么让您兴奋，并以此为出发点。查看在您的气候区和/或区域景观中其呈现的方式。了解在野外看到的对于您意味着什么，以及您随后可能希望如何解读。我希望从本书的例子中可以清楚地看出，对比度是必不可少的——完全统一的植物形态会导致缺乏视觉趣味。

案例研究：奥林匹克公园"缝合"种植园

设计：奈杰尔·丁奈特
实施：2012年秋季

奥林匹克公园的"缝合"种植园被设计为一种临时解决方案，可在开发之前填补空地，并作为高速公路的路边种植将奥林匹克公园与周围的居民区连接起来，从而唤起了主园区的特色。种植概念为将强大的多年生植物、球根植物和一年生/两年生植物混合在一起，以创建低成本但旺盛的自然主义混合种植，这是我从那时起已经使用过多次的基本方法，并且它是可以永远进行的试验。

下图　初夏时，剑叶独尾草（*Eremurus stenophyllus*）引人注目的花絮和鲜橙色的三棱火炬花（*Kniphofia triangleis*）及柳叶马鞭草（*Verbena bonariensis*）穿过下层的低矮一年生植物。

顶图 春季的一年生花卉开始开花，其中有早期的多年生植物如东方罂粟（*Papaver orientale*）、柳叶马鞭草（*Verbena bonariensis*）的直立茎也突出出来。

上图 这是以相对较低密度种植的健壮多年生植物容器苗、球根植物以及一年生植物的组合，两年生植物和短周期多年生植物的种子组合。所有植物都同时建植。在这里，多年生植物如东方罂粟（*Papaver orientale*）、火炬花、茴香（*Foeniculum vulgare*），'十六蜡烛'毛蕊花（'Sixteen Candles'）和滨藜叶分药花（*Perovskia atriplicifolia*）与球根植物（例如大花葱的'环球霸王'）混合。用无杂草的细砾石或沙子覆盖，并在植物之间播种种子混合物。

对页图　盛开的一年生植物。我使用的是"纤细的一年生植物"，例如这些鞠翠花杂交种（*Viscaria hybrids*），它们不会长出大的莲座状叶丛，因此不会与多年生植物竞争。

左上图和左下图　随着夏季一年生植物的消失，剑叶独尾草（*Eremurus stenophyllus*）的花茎、火炬花和粉红色的丹麦石竹（*Dianthus carthusiano-rum*）继续成为这片种植中的开花植物。

右下图　夏天的晚些时候，野胡萝卜很丰富，其中还有柳叶马鞭草（*Verbena bonariensis*）。

层次

在传统的种植设计中，方案中植物的水平布局和配植是全部内容，但是对我们而言，它可能不是最重要的部分。层次的概念（植物的垂直结构和布置以及它们如何影响种植的视觉效果）至关重要。这里需要应用物候学概念。自从我参与种植设计以来，层次和物候就一直让我着迷，这是"谢菲尔德"种植方法的核心。

但是，当我们谈论层次或冠层时，这与蛋糕的层次或林中树冠的层次是不同的，后者都是连续的实体，完全在下面的层次之上。有时候确实可能是这样的，但这并不在我的考虑之列，而且打动人心的例子并非如此。过多地依赖于僵化的层次以及"结构植物"的想法是有危险的，因为这会使人们觉得只有在生长过程结束时种植效果才会形成，那时这些结构植物和所有这些层都会呈现到位并完全成形。但是，当做种植规划，必须牢记时刻都要有视觉效果。

取而代之的是，这些层次更像是一个筛子或一块充满孔洞的卡通奶酪。一系列爆发或局部生长起来的植物是更好的方式，而不是形成一个统一的同质层。混合种植中不同植物的物候特性可用于产生"色彩波"效果。

在伦敦英女王伊丽莎白二世奥林匹克公园的欧洲花园中，各层次就是一系列爆发或局部长起的植物在发挥效果。在这里，5月份，沼生大戟（*Euphorbia palustris*）的圆形和灰绿色花环在聚集的团块和群体中突出。但是，它们周围和之间的所有较低的绿色叶子属于其他物种，它们将在今年晚些时候长高开花并以散布和聚集的形式分布，因此到夏末时，大戟丛将变成完全隐藏的。
设计　奈杰尔·丁奈特和莎拉·普莱斯

英女王伊丽莎白二世奥林匹克公园欧洲花园

（Europe Garden, Queen Elizabeth Olympic Park）

设计：奈杰尔·丁奈特和莎拉·普莱斯

实施时间：2012年

　　在伦敦奥林匹克公园欧洲花园与莎拉的合作使我能够充分探索层次和物候学的概念。欧洲花园是长度1千米的线性"世界花园"序列的一部分。它们都是根据相同的整体概念设计的，莎拉组织了花园的空间结构。种植的目的是为了促进很长季节里的视觉愉悦，这是由较低的层穿过已经凋落的较早的层长起来达到该效果。

　　我对欧洲花园的设计想法是打造一个美丽的欧洲干草草甸。我想创造出这种草地的浪漫感觉和精神，但是要使用夸张的方法，并使用具有自然感觉的花草，以丰富的开花来实现。

　　我使用了三种锚点植物，为种植提供了框架：两种基质草类，其中一种是相对较早开花的发草品种（*Deschampsia cespitosa* 'Golden Veil'），另一种是在本季节后期具有影响力的针茅类（*Stipa calamagrostis*）。再一种锚定植物是沼生大戟（*Euphorbia palustris*），其非常富有特点，是多季的多年生植物，几乎占据了灌木丛的大部分，在春天具有明亮的花朵，大胆的夏季叶子和明亮的秋色。成组的多杆山楂（*Cretaegus monogyna*）形成永久性结构，修剪的常绿树篱也是如此。

　　到了冬季末，花园中的草类被清理并覆盖。欧洲花园非常巧妙地运用了我的P3规则——在任何时候，种植中最多只能有三种不同的植物在视觉效果中占主导地位。

上排左图　尽管仍然可以看到大戟属正在发育的种子头还浸没在下面几层正在长高叶子中，不过已经开花。皱叶剪秋罗（*Lychnis chalcedonica*）的红色花朵穿过绿色正在开放。

上排中图　现在剪秋罗与白色的大滨菊(*Leucanthemum × superbum* 'T. E.Killin')和针茅类（*Stipa calamagrostis*）一起开花，还有黄色的大花山萝卜（*Cephalaria gigantea*），形成了完整的"风格化草地"效果。

上排右图　地榆（*Sanguisorba officinalis*）在大滨菊开花期即将结束时穿过其长出来。

中排左图　大花蓝盆花快速长高形成了自己富有戏剧性的一层。

中排中图　最后，在夏末魔噬花（*Succisa pratensis*）和紫色短瓣千屈菜（*Lythrum salicaria*）品种开花。

中排右图　针茅类（*Stipa calamagrostis*）成熟并在整个冬季挺立，而大花山萝卜（*Cephalaria gigantea*）的种头开始出现。

下排左图　十月下旬的欧洲花园概貌，草的种头形成羽毛状的景象。

下排中图　整个冬季挺立的都是草类种头和其他结构良好的植物。

下排右图　花园在1月下旬被清理，所有清理物都被移走，留下常绿的树篱作为永久性结构，直到整个层次的循环再次开始。

对页图　大戟属在主要基质草成为优势前形成有戏剧性的春季展示。在大戟属植物中可以看到其中一种较晚的物种大花山萝卜（*Cephalaria gigantea*）的大丛枝叶。

秩序

我已经讨论了植物的垂直和水平空间布置，植物层次的动态质量以及适合我们现有或可以操纵的场地条件的植物群落模型的选择。但这还不够；重要的是要在自然主义种植中注入一种易理解的感觉，这样就可以立即感觉到秩序和组织感，而不是随意的混乱。我们可以考虑两种方式：外部秩序和内部秩序。

外部秩序（External order）

我们可以通过考虑出现在任何特定种植的主要细节之外的设计元素来创建外部秩序。这些元素可能与主要自然主义特征形成强烈反差，它们可能为种植设置背景，或者可能为其提供框架。为松散的植物提供构架以赋予其强度和目的感并强调其自然性。在某种程度上，这可以追溯到风景如画思想中的创建图片框景印象的做法，这些图片的"框"与内容本身一样重要。根据定义，这些外部元素无论是正式的还是完全非正式的，都将具有建筑特征。

上图　在意大利花园中，重复使用正式的圆柱和土丘的形状可为较松散的多年生和草木种植营造秩序和可读性。
设计　汤姆·斯图尔特·史密斯

左图　规则排列的欧榛（Corylus avellana）和笔直的石材道路，为春季和夏季多彩的多年生的地面层提供了组织和秩序。

种植设计工具包

上图　修剪后的线性绿篱使上方的自然林冠层井然有序，并在伦敦市政厅附近的这个袖珍公园中创造了更小巧、更私密的空间。

设计　Townsend Landscape Architects

左下图　规则的林荫大道、修剪的树篱、规则的台阶和成群的大灌木丛，及伦敦英女王伊丽莎白二世奥林匹克公园的南半球花园中非正式的多年生植物。

设计　莎拉·普莱斯和詹姆斯·希契莫夫

右下图　在萨里皇家园艺学会威斯利花园中丰满而茂盛的种植被包围在框架中，并被分隔成更正式的圆形种植床，这些圆形床植被小径隔开，还有种植中修剪了的山毛榉（Fagus sylvatica）树篱。

设计　汤姆·斯图尔特·史密斯

伦敦英女王伊丽莎白二世奥林匹克公园亚洲花园

(Asia Garden, Queen Elizabeth London Olympic Park)

设计：奈杰尔·丁奈特和莎拉·普莱斯

实施时间：2012年

　　奥林匹克公园的四个世界花园都具有相同的结构和组件。其中包括种植场地（由我和詹姆斯·希契莫夫设计的多层自然主义多年生种植）；种植条（种植多年生植物和草类的单一品种条状模块）；和绿篱（规则修剪的常绿树篱）。莎拉提出了花园的整体设计以及绿篱和种植条的空间结构。如果没有这种结构来限制它们，则场地种植的可读性可能会很差，并且可能趋向于具有不确定的自由形式特征。尤其是常绿的树篱与自然主义的田间种植相对比，具有极大的坚固性，持久性和"线条"感，它们相互衬托。

　　而伦敦奥林匹克公园的其他三个世界花园被设计成花卉奇观，我对亚洲花园的构想则是与之形成鲜明对比。当然会有花，但是将同等地强调叶子的纹理和对比度，以创造出更加平静的印象。对于这个花园，我的参考点是我在中国见过的美丽野花草甸，上面长有鸢尾花和刺梨。种类繁多的百合花提供了短暂的效果，玉簪、抱茎蓼（*Persicaria amplexicaulis*）和日本银莲花位于轻度遮荫的区域。为了代替其他世界花园的各种复杂混合种植，我创造了日本银莲花海，可以在夏末和秋季创造出令人振奋的开花效果，并与基质和地被草类种植在一起。但是，正是非常直立的结构性草类所构成的大胆条带定义了这个花园，使其超越了一个简单的自然主义方案。它们是'卡尔弗斯特'尖花拂子茅（*Calamagrostis × acutifolia* 'Karl Foerster'）以及中国芒（*Miscanthus sinensis*）品种'Flamingo'、'Silberfeder'和'Gracimillus'。

下图　在直立的'卡尔弗斯特'尖花拂子茅（*Calamagrostis × acutifolia* 'Karl Foerster'）丛间的日本银莲花海。

上排左图　亚洲花园中的自然植物给人以中国四川和云南发现的各种野花草甸的味道。

上排右图　7月的亚洲花园中，'卡尔弗斯特'尖花拂子茅（*Calalagrostis* ×*acutiflora* 'Karl Foerster'）营造出强烈的秩序感。

中排左图　与1月份的情况相同，保留了突出的结构性草种野青茅（*Calamagrostis brachytricha*）以及弯曲的常绿箱形树篱。

中排右图　淡紫色花'高男孩'玉簪（'Tall Boy'）与偏翅唐松草（*Thalictrum delavayi* 'Album'）的花穗及亚洲花园中的多茎红桦（*Betula albo-sinensis*）。

下排左图　紫色花朵的偏翅唐松草与白色的品种（*Thalictrum delavayi* 'Alba'）混合。

下排右图　亚洲花园中正式修剪的树篱与草类的块和丛之间形成强烈的质地与结构对比。

白金汉宫钻石花园

(The Diamond Garden, Buckingham Palace)

设计：奈杰尔·丁奈特

实施时间：2013年

设置钻石花园是为了纪念伊丽莎白女王继承英国王位60周年：钻石周年纪念。花园位于皇后画廊（Queen's Gallery）外的公共场所，是游客参观皇宫的主要落脚点。设计任务书很复杂：必须包含钻石符号；维护非常简单；每年的每一天花园都必须看起来漂亮；总体而言，为了反恐预防措施施植被必须相对较矮，以防止隐藏爆炸物。开花植物必须对昆虫授粉有价值——所有这些都必须在成熟的英桐树荫下正常进行。

花园以规则的正方形网格为基础，旋转90°以创建钻石

型，然后拉伸以增强透视感和深度感。用波特兰石灰石条铺成网格，这是一种明亮、乳白色的石头，且四季效果都很好。在网格内有两种类型的种植。充满自然气息的粉红色、紫色和白色的草地状植物占据了大部分空间。与之形成鲜明对比的是，少量的"单元"充满了常绿的地被植物。花园的开花大部分发生在春季和初夏，然后在夏季的阴凉处逐渐清静下来成为一幅叶子编织的毯子。整个秋天和冬天，这种图案都会保留下来。

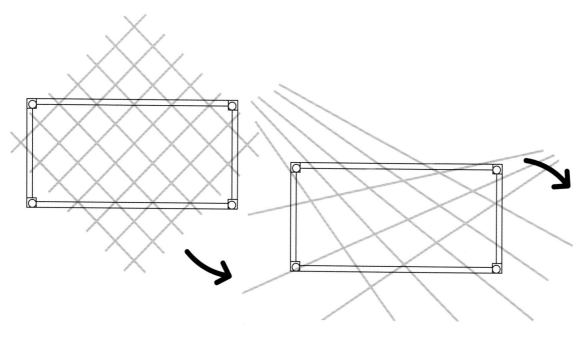

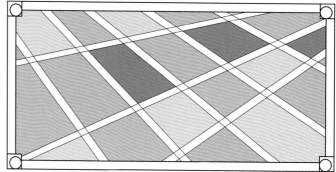

上图 为纪念伊丽莎白二世女王钻禧而建设的花园，设计任务书中要求参考钻石的形状。作者首先创建了一个简单的正方形网格以统一整个场地，然后将其旋转45度以创建重复的菱形图案，从而发展了该概念。然后将此网格的一端在两个方向上拉伸以创建平展和细长的形状，这也给人以强烈的透视感。然后，该网格被转换为一系列的种植"单元"，并由石条隔开，这些石条还充当了探索性的内部小径。

顶排图　构造钻石型种植条（左），并开始在"单元"中进行植物定位（右）。

中排图　2013年6月栽种后不久的花园（左），初夏时沿着条带望去，丛生地杨梅（*Luzula sylvatica*）正在开花（右）。

下排左图　从夏末开始，在这个干燥阴凉的花园中，叶子形成的毯子形成了主要的视觉吸引力，并且由于大多数物种都是常绿的，所以效果可以持续整个冬季。'杰克·弗罗斯特'心叶牛舌草（*Brunnera macrophylla* 'Jack Frost'）的灰色叶子在这里很显眼。

下排右图　已建植的花园，上面有白色的'圣奥拉'天竺葵（*Geranium ×cantabrigiense* 'St Ola'）和粉红色的巨根老鹳草（*Geranium macrorrhizum* 'Pindus'）。

直线和曲线（The straight line and the curve）

到目前为止，我所写的几乎所有内容都涉及流动的形状和强烈的有机的底层结构。我绝对支持将其作为自然主义设计的出发点，但是当涉及到秩序和框架时，直线和更规则的几何体当然会占据一席之地。白金汉宫的例子只是其中的一个例子。

除非需要一个严格的规则式方案，否则我不从那种严谨和正式部分开始着手，我通常更喜欢事后叠加规则的几何体，作为对主要自然主义结构的一种干预。

我将始终倾向于流畅的形式以及对观看者的神秘感和吸引力，但是干预的想法可提供一个对比，以进一步提高自然主义的个性。

内部秩序（Internal order）

外部秩序是构成或赋予大规模组织空间的因素，而内部秩序则是种植本身赋予组织、定义和强烈目的性的因素。在这里我们做出决策，将自然的种植组合从混乱的随机组合变成可以一目了然地解读、理解和欣赏的种植。这就是"易读性"一词的含义，这对方案的成功至关重要，我们已经在本章中讨论了许多潜在的秩序因素。其中许多都属于标准或传统种植设计实践的范畴：形式、线条和纹理，但有一些与天然植物群落的工作方式更紧密地联系在一起：例如元素的节奏和重复性，以及从植物丛中突出的植物的价值。还有一些秩序因素是生态美学所特有的，并且与"适地"及植物适应性的互补性相关，这使来自相似栖息地的物种能够相互协调地工作。第103页的照片显示了在压力很大的生境中生长的植物群落。

但是，到目前为止，我们还没有涉及到另外一个要素：现在是时候深入探讨色彩的世界。

顶图　在伦敦巴比肯，建筑的重复几何形和楼梯间入口的圆形与种植的松散形成强烈对比。
种植设计　奈杰尔·丁奈特

左图　在作者的花园中，规则排列的波浪形木桩在自然主义的种植园中形成永久性结构，并且具有很高的生物多样性价值。在种植园中，几何小径营造出身临其境的体验。

上图　在美国费城附近的斯沃斯莫尔学院的斯科特树木园中，这个令人惊叹的半圆形剧场中的圆形台地产生的有序感与高耸的北美鹅掌楸树（*Liriodendron tulipifera*）的随机性和自然分布之间形成了鲜明的对比。

左图　多杆河桦（*Betula nigra*）规则且相当正式的分布，以及它们相对统一的形状，与下方草地的自由形态特征形成了鲜明的对比。这种对比和秩序感放大了草地茂盛的自然感。

色彩（Colour）

对我来说，色彩是根本的。我们可以运用到目前为止讨论的所有内容中，并衍生出惊人的种植方案，但是对我来说，精心选择的颜色可以将方案完全提升到另一个层次。并不是所有人都同意这一点——自然种植园中的许多人都认为颜色是居于形状和结构之后的次要因素。但是，回到对自然主义种植设计各个环节的早期讨论中，颜色是印象派传统的核心，也是我渴望将其带回自然主义设计的驱动因素。

传统色彩理论中有大量信息可供使用——和谐、对比度、色环等——在这里我不再赘述。这是一个很好的开端，但重要的是不要陷入"品位"的困境。自然主义的美学更具实验性和大胆。我希望从艺术家那里获得色彩灵感，尤其是现代派艺术，在这些艺术中，色彩组合可能令人兴奋而出乎意料。像许多人一样，我很自然地被印象派所吸引，很多人说我的种植就像印象派绘画，是在风景中绘制的。但是我也发现保罗·克莱（Paul Klee）的作品更加抽象、超现实主义和表现主义，与草甸般的形式有着强烈的关系，而且其色彩组合非同寻常。

本页图 特伦姆花园（Trentham Gardens）以颜色为主题的年度种子混合中使用粉色、紫色和蓝色，以及少量形成对比的橙色。在处理颜色时，我的目标是要在和谐的颜色中加入少量强烈的对比色来提亮。
种子混合设计 奈杰尔·丁奈特

对页图 在约克郡鸽子农舍苗圃中三种植物具有相似和互补的花朵形状，但颜色却相对比 松果菊（*Echinacea purpurea*）、苍白松果菊（*E. pallida*）和银色幽灵刺芹。

上排左图　特伦姆花园种植的多年生草地在其主要展示期间采用了强烈的白色、紫色、蓝色和粉红色配色方案。上排右图　大滨菊（*Leucanthemum × superbum* 'Becky'）、柳叶马鞭草（*Verbena bonariensis*）、大花荆芥'昼夜'（*Nepeta* 'Dawn to Dusk'）和'夏日红酒'蓍草（*Achillea* 'Summer Wine'）。
设计　奈杰尔·丁奈特

中排左图　"金盘"凤尾蓍上（*Achillea* 'Gold Plate'）淡淡的黄色带来对比，而翻动的旋果蚊子草（*Filipendula ulmaria*）则提供了质感。

中排右图　'阿尔巴'麝香锦葵（*Malva moschata* 'Alba'）与卡拉多娜鼠尾草（*Salvia nemorosa* 'Caradonna'）及马其顿川续断（*Knautia macedonica*）。

下排左图　重复的颜色和形式增加了视觉效果。前景中斑茎泽兰品种'Purple Bush'（*Eupatorium* 'Purple Bush'）将在夏季晚些长高成为新的一层。

下排右图　大滨菊（*Leucanthemum × superbum* 'Becky'）与柳叶马鞭草（*Verbena bonariensis*）和'紫灌木'斑茎泽兰（*Eupatorium* 'Purple Bush'）。

对图　在扎哈·哈迪德（Zaha Hadid）设计的维也纳大学商学院校园内，植物与建筑物的强烈色彩相辅相成。在小径边缘处有成排的蓝色荆芥花和成排的深蓝色林地鼠尾草品种'May Night'（*Salvia nemorosa* 'May Night'）。
设计　BUSarchitecktur和BOA

上排左图　橙花糙苏（*Phlomis fruticosa*）和智利豚鼻花（*Sisyrinchium striatum*）的淡黄色花穗与常绿大戟亚种的（*Euphorbia characias* ssp. *wulfenii*）柠檬绿圆形苞片相搭配。
种植设计　奈杰尔·丁奈特

上排右图　采用这种热烈方案的植物包括红色的'余辉'火星花（*Crocosmia* 'Emberglow'）和黄色的红辣椒千叶蓍（*Achillea* 'Paprika'）和蓝色的卡拉多娜鼠尾草（*Salvia nemorosa* 'Caradonna'）。尽管植物的高度相似，但因为弯曲的小穗臭草（*Melica ciliata*）到强烈直立的火炬花（*Kniphofia* 'Tawny King'），所以有丰富的纹理和形式。

通透性（Transparency）

引入内部秩序的一种非常有用且微妙的方法是使用通透性的概念。通透的植物具有高度和结构，但是视线可以穿过。许多草丛形成低矮的叶丛，但高出的头状花序却具通透性。

通透的植物的运用方式与框架元素的运用方式相似——通过将这些较高但通透的植物放置在靠近观察者的位置，可以产生前景和深度感。

中排左图　这种以颜色为主题的草甸种子混合物形成的种植着重于闪闪发亮的白色和淡淡的粉红色，并由紫色的斑点提亮。混合物包括粟猪殃殃（Galium mollugo）、蓍草（Achillea millefolium）、牛眼菊（Leucanthemum vulgare）和大矢车菊（Centaurea scabiosa）。本案例是一个使用英国本土物种的示例，但是以野外从未出现过的方式将它们组合在一起。

中排右图　苍白松果菊与紫松果菊的粉红色和紫色与'黎明'大叶紫菀（Aster macrophyllus 'Twilight'）的蓝色相协调，而一枝黄花、黄花松菊（Echinacea paradoxa）和全缘金光菊的黄色提供了对比。松果菊的直立形式和下垂的花朵与紫菀较圆的株型很好地搭配在一起。垂直的青蓝色大须芒草（Andropogon geradii）可以防止多年生的多年生植物的过度"扁平"，多杆海棠提供了必需的种植的结构和框架。

设计　莎拉·普莱斯和詹姆斯·希契莫夫

下排左图　在特伦姆林地花园中，绿色、黄色和浅粉红色的这种隐性混合被岩白菜品种'Rotblum'的重复斑块所激发出活力。

设计　奈杰尔·丁奈特

下排右图　奥林匹克公园中的这种"草原草甸"种子混合物非常适合干热的场所。混合物经过仔细的颜色平衡，以着重于蓝色，粉红色和紫色。在这里，蓝蓟与亚麻（Linum perenne）、大矢车菊（Centaurea scabiosa）及芒颖大麦草（Hordeum jubatum）一起开花。在这种和谐的色彩混合中，不同成分植物的形式和质地形成了强烈的对比，引起了极大的视觉兴趣。

种子混合设计　奈杰尔·丁奈特

上图　通透性在特伦姆的多年生草地上起着重要作用。视线穿过植物的能力是传统种植设计所无法实现的，因为在传统种植设计中较高的植物位于后面，较短的植物位于前面。在这里，低矮的发草（Deschampsia cespitosa）和针茅川续草（Stipa calamagrostis）捕获了阳光，还有柳叶马鞭草（Verbena bonariensis）、马其顿川续断（Knautia macedonica），'昼夜'大花荆芥（Nepeta 'Dawn to Dusk'）、'贝基'大滨菊（Leucanthemum × superbum 'Becky'），'阿尔巴'毛剪秋罗（Lychnis coronaria 'Alba'）及'阿尔巴'麝香锦葵等。

设计　奈杰尔·丁奈特

背页图　在肯特郡西辛赫斯特城堡，在金缕梅的下方的一层薄薄的蓝色绵枣儿（Scilla messeniaca）被少量的白色亚平宁银莲花（Anemone appenina）强调和点缀。尽管仍然很引人注目，但如果没有白色的衬托，蓝色的效果会差一些。

波

前面我提到了色彩波的概念，这是我思考种植视觉效果的基础。让我们再思考一下，波的物理定义为波是一种振荡或振动，其通过空间传递能量。对于这种类型的种植来说，波是一个完美的比喻：围绕点或线的振荡或波动，这些点或线不断前进，但在线上任意一点都有波澜或一系列效果。伦敦巴比肯的种植就是基于这一原则。

自然种植的动态管理
（Managing dynamic naturalistic plantings）

这种波可以延续到比一年更长的时间，并且可以作为我们思考长期管理的基础。对于这种种植来说，随着时间的推移而变化和发展的理念，是最难传达给人们的：与标准的景观和花园做法大不相同，后者的做法更加静态，通常是维护植物使其一年和下一年保持相同的外观。

本书所致力于的自然种植管理主要是保持多样性，或者换句话说，是防止不必要的优势植物占主导。通常，如果您留下一个种植区域不加干预，则随着时间的流逝，自然的演替过程（从起点到植物群落的方向变化）将占据主导地位。演替将完全改变该植被的特征和植物组成，通常会导致长期的多样性下降。但是在较短的时间内，混合种植中不同物种的丰富度会有很多的波动。这些波动可能是微小的，也可能是极端的。园丁的作用是控制这些波动，以使种植尽可能接近"既定路线"。

当我们使用植物群落方法时，我们将使用混合种植。 种植群落可能会发生变化，物种个体可能会在空间中移动。这就是动态的全部内容。 因此从一开始，我们就需要对如何种植该植物以及实现该目标所需的操作有一个愿景。 当然，问题是这种愿景是什么。 混合种植实际的具体平衡和组成很有可能会改变，但是植被是否保留了群落所需的视觉"本质"？ 在这里，锚定物种的概念很重要，因为您已经确定了哪个物种是种植的基石或基础，所以人们希望将它们大致保持相同的比例。

左上图　动态管理（相对于静态维护）的概念可能很难理解。除了年度维护操作的标准化程序外，还需要做出明智的管理决策，以保持多样性和特色。除了进行例行的年度"编辑"外，这可能意味着每五到十年进行大量返工，以纠正过度竞争的植物之间的平衡，或者重新植入一些可能已经消失的要素。

右上图　"设计的植物群落"具有自然存在的植物群落的许多特征。这些包括内部繁殖和播种。例如，在巴比肯的草地上，有许多短暂的"弹出式"植物和自播植物。这些植物将逐年移动，填补空白并消亡。维护仍然可以相对简单，但是也需要知识和信息，需要在现场就什么要去掉、什么要移动和什么要保留做出决定。并且需要识别什么是理想杂草的能力。通过为特定项目制定维护手册，以及通过园丁培训活动，可以实现很多目标。

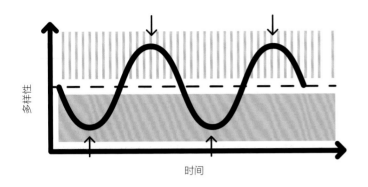

多样性

时间

通过使用流程（FLOW）方法，并考虑其中的所有不同元素，可以创建美观、令人振奋并适应自然的植物。这将是丰富、平静、充实和快乐的体验。但是，美学只是其价值的一部分：它们的外观仅说明了故事的一小部分。在下一章中，我们也将了解这些类型的种植将如何对环境产生巨大影响。

通常，我们的目标是在种植中保持一定程度的生态和视觉多样性。结果，动态管理的主要目标是干预植物的生长，以保持其多样性和特色。保持多样性的反面是防止不受欢迎或不想要的物种占优势地位。上图提供了一个示例，说明如何使用波的概念为我们提供自然种植动态管理的概念框架。假设虚线代表了所需的种植特性和多样性，而黑线表示随时间变化的多样性和特征。当黑线浸入淡紫色区域时，多样性就会降低，例如通过种植一到两个极具侵略性和竞争性物种以占优势地位。当黑线上升到淡紫阴影区域时，多样性可能会增加，这可能是由于杂草的入侵或种植个体自播所致，而关键物种的理想特性和突出性则因为其他植物个体的数量增加而被稀释。箭头则表示维护措施，可以将种植推回所需的方向，并消除不想要的物种的主导性或压倒性影响。理念是指导种植围绕着干预措施将其推向某个方向，然后很可能需要进一步的干预措施才能将其推回原位。

右图　谢菲尔德市区一处以白色为主题的一年生草甸混合色的白色大阿米芹（*Ammi majus*）和淡紫色鞠翠花（*Viscaria oculta*）。
种子混合设计　奈杰尔·丁奈特

未来的大自然

随着全球气候变化、城市化进程的加快和资源的匮乏，我们的未来是不确定并充满挑战的，并且可能是灾难性的。所有这些都会以某种方式对人产生影响。实际上，这些挑战已普遍存在：严重的城市洪水和城市热岛效应；空气和水污染；社会和健康问题；减少生物多样性和与自然联系的缺乏。所有这些问题在城市中都被放大，因为城市失去了土壤、植被和野生动植物。结果，我们缺乏像海绵一样的土壤和植物层去吸收过多的雨水、防止所有城市硬质表面的热效应、过滤脏空气和水，并为我们提供与自然的联系。这对于我们城市的正常运行至关重要。取而代之的是，硬质表面占据了主导地位，吸收并反射热量，不吸收雨水，对生命有害。

一种激进的方法

很显然解决这些问题的答案是将土壤、野生动物和植被大规模地放回到我们的城市环境中。这听起来很简单，但是在现有城市，想创建新的传统"绿地"和花园的场所已经非常有限。所以，我们必须采取更激进的态度，放眼到被视为主流园艺范畴之外的地方，比如屋顶、墙壁、人行道、停车场、街道、商业园区和商业开发区。

我一直将这一环境议程视为花园和景观设计（尤其是种植设计）最令人兴奋的未来途径之一（这些机会仅因植物和土壤之间的相互作用而起作用）。当在人们可见且易达的区域完成人们可以看到、使用和享受的种植设计时，这意味着花园、景观、生态和园艺的成功——正是本书所要讲述的！但是可悲的是，除少数外，种植设计的全部潜力尚未在这些情况下得到应用。这部分是因为当某个景观、花园或空间被认为具有强大的生态功能的情况下，种植从根本上来说也要具有"生态"性，并且将种植仅限于本地植物，这对种植设计是巨大的压力。尽管这些项目是基于植被和自然的，但是主要被视为工程师和生态学家的领域，而美学概念却被认为相对没有那么重要。

上图和右图　绿色基础设施是城市环境中土壤和植被互相连系的网络。在新加坡的一条主要街道上，可以在凉爽的行道树下瞥见交通，而在地面上附生植物在树干上生长，"绿植柱子"沿街重复，而岩石则放置在树脚下。日常生活环境中对生活和自然形式的这种全面融合是"亲生物"设计概念的核心。

前页图　硬质铺装主导以及土壤和植被的缺乏，加剧了极端和高度多变气候对未来的挑战。

但是，这为进行激动人心的种植设计提供了一个巨大的机会，并将其从公园和花园的传统应用扩展到现代城市中心的新挑战性地点，换句话说，为园艺和创新生态设计开辟了新的可能性和市场。这就是我如此积极地通过皇家园艺学会切尔西花展的展示花园设计，以及RHS的"绿化灰色英国"（"Greening Gray UK"）将这些想法带入更广泛公众视野的原因，我一直是推广大使。越来越多的研究支持这样的观点，即本书所涉及的种植类型（多样化、多层、长期、低投入、适合于场地、开花的植物群落）带来了最大的效益，而不是"本地化"本身。通过这种方式，我们创造了对野生动物友好、生物多样性丰富的环境。

上图 这个位于中国重庆市的社区，在公寓楼之间的空间内有大量的遮荫树，而所有屋顶表面都用于娱乐空间和食物种植。

对图及上图　我们必须接管以前被认为没有园艺或生态价值的空间。斯科特·韦伯（Scott Weber）在美国俄勒冈州波特兰的人行道种植表明了巨大的未实现的潜力。

下图　在谢菲尔德的这种水敏感雨水花园方案中，种植的多样性和视觉趣味性将街道改变成了既为人也为野生生物的街道。
种植设计　奈杰尔·丁奈特和谢菲尔德市议会

因此，让我们把环保型花园和景观设计成最令人兴奋和最美丽的种植类型，通过这样的方式使其成为主流。它们之所以令人兴奋，是因为它们背后隐藏着许多有趣的地方，而不仅仅是看起来很有吸引力。它们具有多功能性——不仅可以提供传粉媒介，改善微气候，减少空气污染，还可以应对过多或过少的降雨，所有功能都超出了审美目的。这使花园或景观变得更加有趣。多功能观点最令人兴奋的方面之一是它打破了建筑环境与植物环境之间的隔离，并将所有视为整体系统的一部分。当我们考虑在人居景观中引入水时，这一点最为明显。

归根结底，全球环境和气候变化是由水调节的——过多会造成破坏，甚至是灾难性的洪水，而过少则造成干旱，极端缺水和用水限制。在前一种情况下，我们需要开发可以吸收更多雨水的人造景观，例如海绵，而在后一种情况下，我们必须寻求不需要灌溉或浇水但看起来仍然很棒的新种植方法。

雨水花园和
水敏感设计

尽管"雨水花园"一词本身就很吸引人、令人兴奋,但它的内涵更是如此:在严重暴雨之后,利用花园和景观功能收集雨水径流,清洁、储存并缓慢过滤后再回到大地。当气候变化成为现实,这一想法绝对是关键的,它将花园从纯粹的装饰性提升到可为减少洪水泛滥严重性做出真正贡献。

雨水花园的形式为花园或景观中的洼地或低地,它们可以暂时蓄水,然后再排掉。在土壤和地质不可渗透或排水不良的情况下,需要额外的排水,并且应使用多沙砾的生长介质或基质代替天然土壤。

运输水流穿过花园或景观的线性景观被称为"种植沟"或"生物沟"。雨水花园和种植沟都是使用完全相同的原理建造。在英国,利用景观和花园来管理雨水,通常被称为"可持续排水系统(SuDS)"。这是一个由工程主导的术语,我尽量不使用,我更喜欢"水敏感设计"这个词。

水敏感设计可能是完整的花园和景观的唯一基础,并且有很多技术信息可用于实现此目的。但是,很少受到关注的一个因素是实际种植本身。令人惊讶的是,它是最可见的部分,而种植与土壤结合在一起使这些功能发挥了作用。但这是一个棘手的事情——植物需要能够忍受周期性的淹没,但还必须应对降雨之前的干旱时期。过去,雨水花园一直被假设,即它们具有生态功能,因此唯一能使其正常运转的植物是乡土植物。其实,根本不是这样,但是它确实限制了水敏感设计中种植的创造性。

因此来看一下我自己的一些案例,在这些示例中,我试图展示雨水花园种植设计的巨大潜力。在技术细节方面,我不做深入探讨,我想说明我设计种植的方式。通常,我会使用许多原生于潮湿草地、湿地边缘或洪泛平原边缘的植物用于雨水花园或沼泽地中最低的区域,而稍高一点的地方,我会选择能忍受干旱、耐性强的草甸和草原型植物,景观边缘周围的植物可能很耐旱,因为它们几乎不会受到雨水淹没的影响。

我家的前院(My front garden)

多年前,我就对雨水花园产生了兴趣,原因是我看到了使用花园以及其他中小型花园和景观作为引进美丽的生物多样种植的潜力,而这些地方以前可能是肮脏灰色的。

我写了一本有关该主题的书(《雨水花园》,木材出版社,2007年),并基于雨水花园的想法设计了2011~2013年之间的一些切尔西花展的花园。当我搬进新房子时,我决定将前花园变成一个雨水花园的示范。但是我希望这是一种不同类型的雨水花园:如果您在谷歌图片中搜索"雨水花园",则大多数结果都显示出不规则的变形虫形状,通常被草坪包围。似乎在具有园林功能的花园或景观特征中,总是会采用这种设计形式。取而代之的是,我想采用一种更为正式的方法来表明这些想法在各种情况下都适用。最重要的是,我的目的是研究长期动态种植的潜力,将其作为雨水花园设计的基础。

最初,花园从房屋处形成斜坡,前门没有中心小路。我用干石挡土墙做出花园台地,从门前沿对角线布置一条直线小路。该中心小路的两侧是线性种植沟。除了收集小路(为可渗透的,因为路不是铺在水泥砂浆上或用水泥砂浆勾缝,从而允许水渗入)径流之外,种植沟的主要目的是直接收集从房子屋顶流下的径流。

切断您的落水管！（Disconnect your downpipes!）

雨水花园倡导的口号是"切断您的落水管！"不要将水从屋顶引导到主排水系统，而是将水引到景观中。从理论上讲，如果减少了主排水系统的径流源，那么系统的过载和下游的后续洪水压力也将减少。在我自己的家中，我切断了两个塑料落水管的底部，并使用标准的管道连接器和当地DIY商店售卖的排水槽连接水管，穿过花园一直延伸到种植沟的起点。

大部分播种于2014年春季进行，从春季到秋季连续开花，开花层次连续不断，然后使茎和种头的冬季结构良好。雨水花园和种植沟的种植设计并不简单，因为植被必须处理应对干旱时期以及周期性的水流，而且雨水花园和种植沟的边缘都是斜坡，这意味着底部将较长时间保持相对湿润，而较高的区域可能会完全变干。因此，建议混合使用植物以应对这些条件，将最耐湿的植物置于基部。

上图 作者的前院施工完成后不久。沿主路两侧的狭窄植物起到线性种植沟的作用，收集房屋屋顶和路面的雨水径流。故意将它们建造为矩形，以证明生态特征在规则的几何布局以及不规则的有机设计中都可以很好地发挥作用。

我家花园的主要开花期在仲夏至初秋之间，并且四周围绕着落新妇变种（*Astilbe chinensis* var. *taquetii* 'Purpurlanze'）、短瓣千屈菜（*Lythrum salicaria* 'Zigeunerblut'），全缘金光菊（*Rudbeckia fulgida* var. *deamii*）和'乔治·戴维森'香鸢尾（*Crocosmia × crocosmiiflora* 'George Davison'），而其他一系列物种也起了辅助作用。在这种紫色和金色的盛宴中，柔软的本地植物魔噬花（*Succisa pratensis*）的淡蓝紫色花朵穿插在地块感强的框架植物中。在今年早些时候，'火箭'橐吾（*Ligularia* 'The Rocket'）的直立穗状花序正好与落新妇的花梗相配，随后是'威特福德'萱草（*Hemerocallis* 'Whichford'）的黄色花朵与落新妇的紫色花朵互补。在此之前，'罗夫人'鸢尾（*Iris* 'Mrs Rowe'）的薰衣草色花朵在叶子不断长大的晚花植物中如幽灵一样浮现。

上排左图和中图　房屋屋顶的落水管与排水管断开连接，转向并延伸到种植沟。

上排右图和中排左图　一系列动态层次创建了一个保持长时间趣味的观赏季。在春季的"白罗宾"仙翁花（*Lychnis flos-cuculi* 'White Robin'）和西伯利亚鸢尾品种（*Iris sibirica*）在后几层的叶片中尤为突出。

中排中图，中排右图和下排左图　仲夏时节，紫色的'紫癫'变种塔式落新妇（*Astilbe chinensis* var. *taquetii* 'Purpurlanze'）和千屈菜（*Lythrum salicaria* 'Zigeunerblut'）接着产生展示效果。

底排中图和右图　在夏末和秋季，紫色逐渐消失，被戴氏全缘金光菊（*Rudbeckia fulgida* var. *deamii*）和火星花的黄色取代。

对页图　在夏末，魔噬花（*Succisa pratensis*）散落在小径上，为人们在花丛中掠过时增添了多感官、身临其境的体验。

约翰·刘易斯雨水花园（John Lewis Rain Garden）

设计：奈杰尔·丁奈特

实施时间：2015年

约翰·刘易斯（John Lewis）雨水花园是伦敦市中心的第一个路边雨水花园。位于约翰·刘易斯集团总部维多利亚街的维多利亚车站旁。该场地就在建筑主入口外，位于街道人行道上，毗邻门廊为游客提供了一个干燥的下车地点。以前，除了两棵形状不佳的树木外，该场地已完全被铺装和鹅卵石覆盖。实际上附近地区完全都没有树木和绿色空间。由于缺少绿色且维多利亚街容易遭受洪水，所以约翰·刘易斯场地成为创建新的雨水花园的首选。项目由维多利亚商业促进区（Victoria BID）资助，是其绿色基础设施的一部分，从而确定并支持用于建成促进生物多样性、防洪和娱乐的绿色功能改造景观。

约翰·刘易斯（John Lewis）雨水花园是"由灰变绿"和改造绿色基础设施的典型例子。它还包含几个适应气候变化的景观示例：雨水花园本身、雨洪种植池和低灌溉城市种植池。这是一个适应极端降雨和干旱的景观。

雨水花园的主要区域为草和多年生植物的自然主义混合种植，提供了低维护、美丽和长期的视觉效果。

促进生物多样性是一个主要目标，在这个城市以"灰色"为主的地区，有很多开花植物可以支持授粉昆虫。雨水花园位于一个典型的城市楼宇峡谷中（有风且暴露），在这种情况下植物必须耐寒。尽管植物需要应对周期性的潮湿环境，但在伦敦市中心的路边位置，也可能长时间处于干燥状态，并可能非常热。需要强调的是，在这样的位置，雨水花园不是"湿地"。因此，所选择的物种可耐受各种环境条件。我采用了一些英国本土物种，但也有许多其他植物。

对于建筑使用者来说，雨水花园应该外观干净整洁，这很重要，因为这里是一家大公司的总部。花园内有一个坚实而规则的常绿绿篱（美丽野扇花 Sarcococca confusa），其在冬季和早春开花时会散发出浓郁的香气，并提供一种秩序感和形式感。这些植物建植在与建筑物颜色相匹配的银灰色花岗岩碎石覆盖物中。尽管设计意图是在生长季中植被完全覆盖，但是碎石覆盖物可在冬季有效形成干净整洁的表面。覆盖物还可以控制杂草，并在雨水花园充满水时形成稳定的表面。

左图 利用环境议程来推动城市多样性种植作为"基础设施"的一部分有很大的潜力。如果纯粹出于装饰性原因，那么将干净和密封的硬质铺装表面急剧转变为植物景观的动力很小。但是，利用景观来应对真正的环境挑战（局部洪水）为建设新的种植区提供了催化剂，该种植区有助于解决环境问题，美观并且是昆虫授粉的宝贵资源。

上排左图　以前该地点由硬质、不透水的表面组成，上面有两棵衰老且畸形的树木。

上排右图　种植了新植物，有自然的多年生植物和草混合种植，羽脉野扇花线性绿篱为高度城市化的环境增加了秩序感和形式感。

中排左图　从屋顶落水管（在门廊柱内向下流动）的雨水首先被转移到抬高的雨洪种植池中，然后又溢出到雨水花园中。

中排右图　碎石覆盖物有助于水渗透，形成整洁的外观，并充当防草层，如图在春季末所见。

下排　植物开始长成，并已被填满，这张照片（右）拍摄于夏末。

伦敦湿地中心雨水花园

（London Wetland Centre Rain Garden）

设计：奈杰尔·丁奈特

实施时间：2010年

这是我的第一个雨水花园项目，它以程式化的方式展示了整个系统的工作原理，如何将房屋或建筑物与花园及周围的景观连接起来。一个经过改造后的运输集装箱支撑着整个绿色的屋顶，这是建筑物的首个降雨吸收点。任何多余的水都会通过雨链从屋顶排入水箱。然后可以将其溢出到一系列的雨水花园景观中，每一个都可以溢出到下一个。这样一来，水就变得越来越干净——这一链条包括观赏芦苇种植床水处理区。

下图　使用耐用的再生塑料制成的复合板建造圆形甲板道路，可通往花园的所有部分。在花园的湿润地区，种植了报春花（如巨伞钟报春 *Primulas florindae*）和原生湿地物种（例如短瓣千屈菜 *Lythrum salicaria*）。在场地干燥部分也保留了湿地的特点，直立的'卡尔弗斯特'尖花拂子茅（*Calamagrostis × acutiflora* 'Karl Foerster'）营造出像草床一样的感觉。尽管大部分雨水花园设施都未衬砌，以使水渗入土壤，但雨水溢流池序列中最低的一层是衬砌的并种有变种芦苇（*Phragmites communis* 'Variegata'）作为水过滤床——水从该过滤床流出成为溪流穿过花园。高大的"生物塔"提供了永久的雕塑元素。这些雕塑是由废物和野蜂栖息板堆叠形成的垂直结构，还提供鸟类喂食台和鸟巢箱，是由志愿者使用在更多地点发现的残留物和废物建造的。

上排左图　园中葱郁的、开白花的英国本土湿地植物旋果蚊子草（*Filipendula ulmaria*）在金黄色的中欧湿地植物土木香类（*Inula magnifica*）中开放。

上排右图和中排左图　在小溪上的汀步营造出令人兴奋的体验，并给人留下深刻的印象。实际上在混凝土平台上的水只有几厘米深，溪流通过下面的一根大管子流过。水位根据降雨情况而上升或下降。

下排左图　序列中第一个雨水花园中左侧的羽叶鬼灯檠（*Rodgersia pinnata* 'Superba'）的种子头，和序列更远处的芦苇变种。

右图　通往花园凉亭的中央小径是一个由集装箱改建的带有绿色屋顶栖息地的构筑物，旁边是一条"旱溪"。下雨时可以从凉亭的屋顶溢出水，但是在大部分干燥的时间里，这都是有巨石的游乐设施。展馆的侧面是一个"潜望镜"，可以从地面观看屋顶。

谢菲尔德灰色到绿色计划

（Sheffield Grey to Green Project）

设计：奈杰尔·丁奈特和谢菲尔德市政厅
实施时间：2016年

在撰写本文时，谢菲尔德的"灰色到绿色"计划是英国最大的城市水敏感型设计项目，也是在当时来说很激进的一个项目。它涉及到将一条内城的四车道公路转换为一条两车道的公路，主要用于公共交通，然后将释放的空间变成一系列线性的雨水花园和种植沟。有趣的是，大面积种植改造的主要目标之一是增加城市的环境吸引力，以吸引外来投资。种植是高度动态和自然主义的，并且具有较高比例的常绿树种以保持冬季的景观效果。

正如我已经指出的那样，高质量的园艺和令人兴奋的复杂种植设计通常是城市水敏感项目中缺少的环节。令人惊讶的是土壤和植被的结合才能使它们全部起作用，而种植元素是迄今为止最明显的元素。我们着手创建一个方案，以多样化的种植为特色，这些种植的特征和内容与标准的景观种植完全不同。

这些混合种植所包含的植物具有广泛的生态耐受性，包含从偏爱潮湿环境的植物到喜极干环境的植物。因此，该方案非常富有弹性以应对每个月、每个季节的天气变化。

该方案是根据随机种植方法制定的。但是，在此基础上又加上了一层"秩序"，'卡尔弗斯特'尖花拂子茅Calamagrostis × acutiflora 'Karl Foerster'）成线性大片蜿蜒其中，在整个冬季一直保持直立。

我很想知道街上的人们是否会在高度城市化和出乎意料的环境中喜欢这种非常自然的方案——与他们通常所熟悉的低多样性的、统一的公共区域种植完全不同。我让一些学生对路人进行了数百次调查，反应非常正面，超过80%的受访者认为这非常适合周围环境——实际上，在接受采访的350人中，有60人实际上改变了他们的生活日常路线以体验这些种植。这个案例是创建真正"绿色街道"必要性的有力证据。

下图 概念图，显示雨水花园和生物通道在捕获、存储、清洁和渗透道路及人行道的地表水径流方面的功能。

左上图　正在施工的雨洪种植沟。

右上图　夏末的种植沟，带有黄色的全缘金光菊变种（*Rudbeckia fulgida* var. *deamii*）。白色山桃草（*Gaura lindheimeri*）和三棱火炬花（*Kniphiofia triangleis*）。雨水径流会沿着整条道路流入种植沟。

左下图　沿种植沟的干燥边缘生长的粉红色的海石竹（*Armeria maritima*）。

右下图　雨水花园功能提供了如此激动人心的种植设计可能性，它们在可见的位置看起来非常有吸引力，这对雨水花园的持续成功和是否受到认可是至关重要的。在这里，西伯利亚鸢尾品种（*Iris sibirica* 'Tropic Night'）在灯心草（*Juncus effusus*）及簇生的发草（*Deschampsia cespitosa*）叶丛之间绽放。

背页图　夏末的大片'弗洛雷·普莱诺'大麻叶泽兰（*Eupatorium cannabinum* 'Flore Pleno'）在发草中间开放，其后是直立的'卡尔弗斯特'尖花拂子茅（*Calamagrostis* × *acutiflora* 'Karl Foerster'）。很难相信这是城市内部的街景。

干旱植物景观：
屋顶花园、绿色屋顶和平台

水敏感型设计不仅要面对雨水过多的问题，也要应对干旱的问题。尴尬的是，许多场地每年都需要同时面对这两种情况。很多时候，要依靠饮用水来解决植物长期存活的灌溉，这种情况应该极力避免。当然，如果使用的是收集的雨水，那么问题就简单了，但是如果过度干燥又会如何？首先要避免种植、花园和景观需要太多水的情况，这很重要。此外，随着未来用水限制的可能性越来越高，我们将无法依靠无限量的用水来保持节水花园的绿色。

我经常进行"旱地"种植；它们是我在城市应用中的主要项目。我的灵感主要来自"草原"——适应炎热干燥夏季和寒冷冬季的大陆性气候的植被。欧亚大陆的温带草原是草地和草甸，我对它们的松弛感和运动感很感兴趣。在土壤较深的地方，可以建植灌木丛，但是环境不利于大型树木生长。我已将此参考景观用作伦敦巴比肯种植的模型。但是，因您所处的地理位置而异，有很多类型可作为设计出发点，例如沙漠植被或者地中海植被。

这种种植特别适合屋顶花园应用，因为在这种情况下土壤深度或生长基质可能是有限的，因此非常容易干旱。在许多情况

下，干旱还与增大的风和日光曝晒相结合，植物的压力确实很大。实际上，"广义的"绿色屋顶（那些底物或生长介质厚度很薄的屋顶）大多使用"耐性"植物。

上图 尽管通常绿色屋顶被认为特点是干旱，但正如新加坡的绿色屋顶所示，它们在热带气候下也能很好地生长。

左图 澳大利亚墨尔本的这个屋顶花园有大量使用攀缘植物和藤本植物以及地面常用植物。

对图 在人口稠密的城市地区，屋顶为增加生物多样性和栖息地提供了巨大的机会，其中包括创造空中的湿地和水体。

罗瑟勒姆的穆尔盖特克罗夫商业中心

（Moorgate Crofts, Rotherham）

设计：奈杰尔·丁奈特和罗瑟汉姆自治市镇理事会

实施时间：2004年

这是我第一次进行正式的屋顶露台种植，而植物的选择直接来自谢菲尔德大学进行的耐旱屋顶花园种植的广泛试验。该建筑是一个商业创业中心，带有一个易达可见的屋顶露台。在当时（以及现在），通常绿屋顶和屋顶花园中使用的植物种类非常有限，或者屋顶花园需要大量灌溉才能保持茂盛和绿色。穆尔盖特克罗夫的种植目的是营造周年的视觉趣味，铺有石料覆盖物，使冬天外观整洁。所有的植物都来自草原和干旱的草甸生境（除了火炬花，我的研究表明，这种植物对这种条件有很好的适应性）。

整个表面的生长基质深度为100~200mm（4~8英寸），不用进行灌溉，维护工作仅包括在冬季后期每年进行一次修剪，并清理修剪后的枝叶。随着时间的流逝，这些植物已发展成为最令人难以置信的开花草地，在春季出现了令人惊叹的欧洲白头翁（Pulsatilla vulgaris）和黄花九轮草（Primula veris）。自建植以来，我每年都对这些植物进行监控，它们直接为巴比肯提供了更多的屋顶植物参考。

对页 "欧亚草原"类型的干燥草甸种植不需要灌溉。在这里智利豚鼻花（*Sisyrinchium striatum*）和细香葱（*Allium schoenoprasum*）的紫色花朵占主导地位，生长在葱郁的棉毛水苏（*Schachys byzantina*）的灰色叶子间。

上排左图 耐旱的蓝燕麦草谷物（*Helicotrichon sempervirens*），以及自播的"弹出式植物"马内斯科牻牛儿苗（*Erodium manascavii*）的粉红色花朵。

上排右图 春季的黄花九轮草（*Primula veris*）。

中排左图 初夏时，欧洲柏大戟（*Euphorbia cyparissias*）的黄色花朵上面铺着欧洲白头翁（*Pulsatilla vulgaris*）的种头，形成地毯。

中排右图 四月盛开的白头翁。

下排左图 紫晶羊茅（*Festuca amethystina*）的美丽的紫色花朵和茎，及海滨蝇子草（*Silene uniflora*）。

下排右图 在秋天，种头占主导地位，还有晚花的紫苑。

谢菲尔德夏洛学校（Sharrow School）

设计：奈杰尔·丁奈特和谢菲尔德市政厅
实施时间：2006年

我对夏洛学校的屋顶花园种植采取了完全不同的方法。这里的目的是创建一个结构化的城市荒野，既是鸟类和昆虫的避风港，又由于其色彩和视觉效果而激发了学校里孩子们的想像力。我使用了各种各样的技术来创建花园，包括直接播种形成一年生和多年生的草地（不仅限于本地物种）。以低密度种植多年生植物并在其周围播种；按照我的要求铺绿色屋顶草皮卷；并保留一些区域以进行自然定植。这里很快就充满了美丽都市"弹出式"植物，如毛蕊花、 紫花柳穿鱼（*Linaria purpurea*）和红缬草（*Centranthus ruber*）。

下图　初夏时，一片美丽的干燥草甸与细香葱（*Allium schoenoprasum*）紫色花朵，橙黄山柳菊（*Hieracium aurantiacu*）的橙色花朵。

上排左图　完成的学校，设计的"城市荒野"位于屋顶。

上排右图　耐旱的春黄菊（*Anthemis tinctorial*）的黄色花朵。

上排右图　春末有很多细香葱　它们在潮湿和干燥的条件下都会生长。

底图　保留屋顶的某些部分，以鼓励城市物种自发定植，例如山生紫花柳穿鱼（*Linaria purpurea*）（左），而在其他部分（右）采用"缀花草地"植被，以一年生植物高雪轮（*Silene armeria*）为特色。

谢菲尔德大学校园人才库花园

（Garden of Pooled Talents, University of Sheffield Campus）

设计：奈杰尔·丁奈特和Broadbent Studio
实施时间：2016年

需要强调的是，尽管我们在本节中主要讨论的是屋顶花园，但所有原理对于地面上干旱的地方都同样有效——用不需要浇水的、令人兴奋的屋顶花园种植方式来填充干旱地区有巨大的潜力！人才库花园就是一个例子。下方是混凝土板——虽然在地面上，但仍然是架空的（空中）景观，在城市中很常见。我们能够利用种植基质堆坡，以创建起伏变化的地形。这里使用了典型的绿色屋顶生长介质——70%的碎砖料和陶粒（高骨料比例以最利于排水），20%的绿色废物堆肥（用于保持水分）和10%的淤泥（使生长培养基具有结构）。未提供灌溉。

下图　花园中包含巨大的镀锌金属雕塑，其形状是巨大的汤匙，象征着大学环境中各学科的创造性融合。在夏末，‘绿翡翠’火炬花（'Green Jade'）的花朵和‘僧侣’疏花紫菀（*Aster* × *frikartii* 'Mönch'）及‘蓝色尖塔’分药花一起开花。

左上图　蓝燕麦草谷物（*Helicotrichon sempervirens*）的花朵。尽管种植在地面上，但使用了所有绿色屋顶设计技术来创建各种无灌溉景观。

右上图　夏末种头分布在丹麦石竹（*Dianthus carthusianorum*）鲜艳的深红色花朵中。

底图　在土壤较深厚的地方，使用较高的结构植物。在花园中阴暗处，将直立的'奥尔淡'尖花拂子茅（*Calamagrostis × acutiflora* 'Overdam'）与白色的欧耧斗菜（*Aquilegia vulgaris* 'Nivea'）一起使用。

案例研究：巴比肯山毛榉花园

设计：奈杰尔·丁奈特

实施时间：2015年春季

客户：伦敦金融城公司和巴比肯房地产办公室

　　巴比肯是欧洲最大的文化、艺术和会议场所，也是一个可容纳4000人的住宅区。它是世界闻名的野兽派建筑的标志，大部分建于1970年代。作为乌托邦愿景建造的一个新城市村庄，在伦敦市中心的居民家门口设有商店和优质的文化设施，车辆、道路和停车场在地下，因此从表面看，所有开放空间、广场和花园完全可以让人们享受的，没有任何形式的汽车交通。就像高密度城市中的许多开放空间一样，巴比肯的花园、庭院和水体看起来似乎扎根于地面，但实际上是屋顶花园、"架空景观"和"结构上的景观"。2015年对巴比肯的裙楼部分重新做防水的要求提供了这个令人振奋的机会——完全重新考虑什么是屋顶花园，并探索如何使这些空间更可持续发展并具有生态价值。

以前的种植在本质上是非常传统的，包括乔木、灌木、草坪和季节性的花圃植物。尽管绿色繁茂，但这需要通过使用可饮用自来水的自动灌溉系统来维持。新计划的主要考虑因素是，负责管理该空间的伦敦金融城公司希望不再依靠这种灌溉系统，部分原因是如果未来干旱的话伦敦市中心地区可能会有用水限制及用水短缺。因此，这是应对气候变化的开创性例子——适应性景观。

对页图　在春季，"矮矮胖胖"的常绿大戟低矮品种 'Humpty Dumpty'（*Euphorbia characias* 'Humpty Dumpty'）在回剪过的草类和多年生植物中脱颖而出。春季红色郁金香（*Tulipa praestans* 'Fusilier'）在绿色的衬托下显得格外醒目。

顶图　在选择混合植物时采用了"三的威力"规则，因此在任何时候，两到三种植物物种用于在整个区域进行视觉展示。这是多层种植，这里多杆拉马克唐棣（*Amelanchier lamarckii*）和 '日落大道' 樱花（'Sunset Boulevard'）在草本层上方开花。

下图　自然种植与强烈的建筑和城市框架之间有着强大的互补性。

由于涉及的景观特征要进行根本性改变，我们就这些变化进行了许多公众和居民咨询。反馈结果反复出现了三个主要问题：对移除现有大树的关注；对现有时令性季节花床的喜爱；及不喜欢多年生植物冬季枯萎的样子。最初，这些似乎是无法克服的挑战：荷载要求意味着我们无法替换现有的大树，而且密集使用的季节性一年生植物与新方案的整体风格背道而驰。

但是，进一步的讨论表明，对树木的喜爱很大一部分是因为它们供鸟类栖息。有鸟对居民来说是一件快乐的事，新种植也将具有巨大的野生动植物价值——在很大程度上有利于无脊椎动物和昆虫授粉。实际上，筑巢的鸟儿现在也已经返回花园了。讨论还显示居民对时令性季节一年生花卉的支持与对城市环境中鲜艳色彩的热爱有关，新计划在更大的范围内色彩将更加丰富。最后，对冬季多年生植物的消极看法则是认为其冬季变得呆滞而死气沉沉，这促使我加入了很大比例的常绿草和多年生植物，现在它们已成为巴比肯一年四季种植的特色。

通过这个案例，我发现居民咨询为我提供了一个宝贵的教训：了解所提出事项背后的实际问题，而不是一味取舍。毫无疑问，居民对冬季萧条景观的担忧导致了最终方案的极大改进，并从那时起改变了我的工作方式。

从仅有简单地被物种大范围单一种植、植物间裸土中的刻板种植、修剪整齐的草坪的市政景观，转变到一种高度自然主义的方案，没有草坪，种植种类繁多，没有裸露的土壤，鼓励充满活力、可自我维持的特色，要实现这些并解决居民关注的问题具有极大挑战性。对阳光、树荫和阴影的分析是设计的起点，基于此形成了三个主要的种植区：开放、阳光和无遮挡区域、在一天中的某个时候出现遮荫的区域、及大部分遮荫区域。生长介质的深度也是决定因素。大部分场地的最大深度为300~350毫米，适合多年生植物和草，但有些局部深度更大能够种树木和灌木。种植土是一种特别的自由排水的绿色屋顶基质介质。

下图　显示巴比肯绿色屋顶系统的典型"建筑"部分。基层有一层非常不肥沃、多骨料的生长基质，其中几乎没有有机质（少于10%）。基层上面一层有机物含量略高（20%）以支持更大的植物生长。如果由于下层结构支撑而可以种植乔木，则可以增加基质深度达到900毫米，但大部分典型深度为200~300毫米。

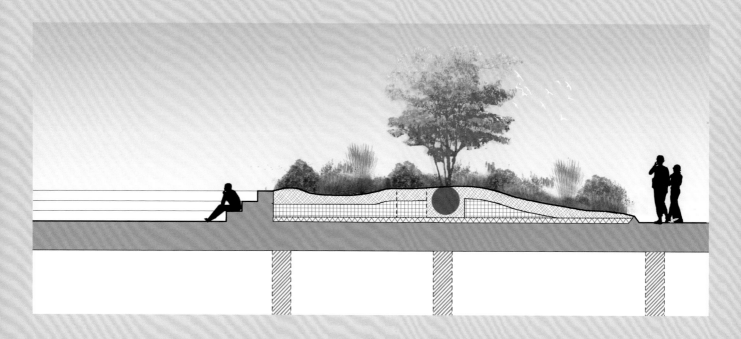

右图　小气候分析以及生长基质深度（两者都与水分供应有关）促成该方案的植物选择。红色=全天位于阴影中；蓝色=一天中大部分时间位于阴影中；深紫色=半光照/半阴影；浅紫色=全天阳光充足。

下图　巴比肯山毛榉花园的种植概念图。该方案根据生长基质深度和日照/阴影，由四种不同的植物混合组成。树木和灌木单独布置（以直线和网格形式正式定位，这是根据下部建筑物结构支撑柱的位置来定位）。另一层是在松散的自然主义种植中增加了结构"秩序"。它由多年生植物和草的单一种植块组成。

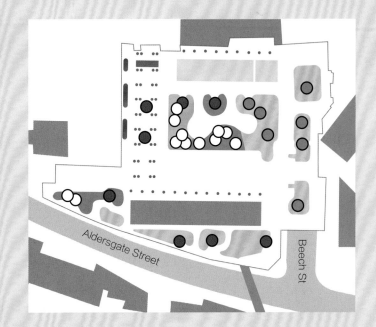

小型多杆树：
白糙皮桦（*Betula utilis* var. *jacquemontii*）和"日落大道"樱花树

拉马克唐棣
（*Amelanchier lamarckii*）
（多杆）

华丽丽波鸢尾
（*Libertia formosa*）
（7株一组）

俄罗斯糙苏
（*Phlomis russeliana*）
（7株一组）

中国芒品种
'Undine'
（3株一组）

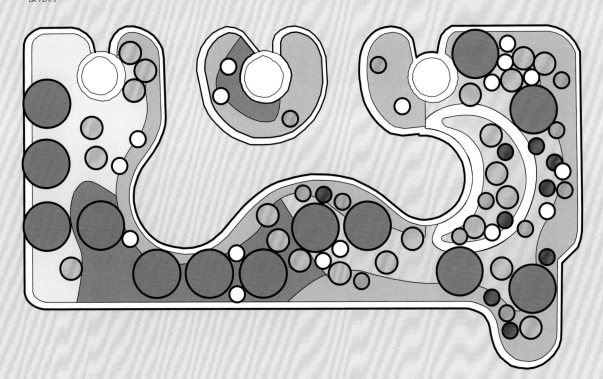

上排左图 在巴比肯的该种植床中使用了两种不同的混合物，并喷漆标出了两者之间的边界。先布置了多杆桦木。

上排右图 布置第一个锚点植物。这是一种基质物种亮叶蓝禾（*Sesleria nitida*）。这也是一种"跨界"物种，两种混合物中都有分布。我在整个区域内一次定植一种物种，这样我就可以清楚地看到其模式。此设置遵循重心（COG）原则，通常由三株一组和另外一株离群种植。

中排左图 在另一个种植床中，种有基质锚点植物亮叶蓝禾（*Sesleria nitida*）和结构锚点植物千魂花（*Euphorbia characias* subsp. *wulfenii*）。

中排右图 在这些锚点周围采用重心原则按组逐渐添加其他卫星物种。剩余的空间将由自由漂浮植物填充，直到所有间隙均被填满。

下排左图 完成的区域，地面植满植物。

对页 红色的艳丽郁金香（*Tulipa praestans* 'Fusilier'）在坐垫大戟（*Euphorbia polychroma*）和千魂花（*E. characias* subsp. *wulfenii*）中开放。

最终，新方案的参考点是生态等同的野生植物群落：欧亚草原。欧亚草原自然存在于大陆气候中，土层薄，夏天非常炎热干燥，冬天寒冷，并且拥有各种各样的草类、球根植物和开花植物。在巴比肯，使用了三种主要的种植方式：a）"草原草甸"种植，用于充足的阳光和相对浅的土壤深度（仅由球根植物、多年生植物和草类组成）；b）在较深的基质上进行"灌木草原"种植，可以使用木本植物，但有类似的多年生植物和草的混合；c）场地阴凉处的林地和林地边缘种植。这些较暗的区域包括许多白花，使较暗的地方显得明亮。

设计概念是创造连续的"色彩波"，从春季一直到秋季，新的层次不断出现并覆盖凋谢的早花植物，在整个常绿草和多年生植物基质上不断出现新的色彩。这些层次在任何时间仅由两个或三个关键物种组成，在整个区域中重复以形成大规模的趣味性效果，而混合和组合的亲密感则可以在较小的规模上带来视觉愉悦感。这是一个不断变化的场景，所有植物都由锚定植物有力的结构框架结合在一起。

养护包括一系列操作，以保持较高的视觉质量。植物种籽头和保留下来的多年生植物尽可能在冬季长时间保留。但是，从夏季开始，一旦某个物种在视觉上变得不整洁，整个进行回剪。这样，在秋季和冬季，种植逐渐稀疏，种植区变得越来越开放。这些是充满活力的种植，在中期将延续自己的生命：鼓励自播，这样不可避免地有些物种会比其他物种繁殖得更好。按照设计的理念，养护应本着这种精神来指导种植的发展，当然养护计划和培训是必不可少的。

前页 盛夏的榉木花园中，'古陶'蓍草（*Achillea* 'Terracotta'），白花毛剪秋罗（*Lychnis coronaria* 'Alba'），紫色的卡拉多娜鼠尾草（*Salvia nemorosa* 'Caradonna'）和较高的红色'金星'雄黄兰（*Croscosmia* 'Lucifer'）。

下图 花季始于复杂的春季球根植物【土耳其郁金香（*Tulipa turkestanica*）和艳丽郁金香（*Tulipa praestans*）】和生长缓慢的干燥草甸和草原多年生植物，例如黄花九轮草（*Primula veris*）和欧洲白头翁（*Pulsatilla vulgaris*）。

总体而言，新方案用水量已减少了70%——在非常干燥的时期可以进行一些人工浇水。尽管所需的维护工作比以前要复杂得多，但总的维护时间并没有增加。每个星期五早上，由大约20名居民组成的新园艺小组与主要园丁进行日常维护，同时还进行一些"园艺工艺"的更详细工作，这是主要园艺团队无法做到的。例如，自播苗的移植，精细的除草。促使人们参与照顾自己的社区空间通常是一种愿望，可能很难实现。在巴比肯，种植园的趣味性和丰富多彩的自然让人们渴望参与其养护。一个非常引人注目的变化是，以前，许多人去巴比肯岛拍照是为了拍建筑，从来没有去过花园，现在人们来参观纯粹是在花园拍照！

顶排左图　卡拉多娜鼠尾草（*Salvia nemorosa* 'Caradonna'）、糙苏和千魂花组成的斑块带组合。

顶部中图　大花葱的花朵在草原植物（亮叶蓝禾 *Sesleria nitida*）和蓝燕麦草谷物（*Helicotrichon sempervirens*）及马其顿川续断（*Knautia macedonica*）中间开放。

顶部右图　在夏末，同样的种植中种头对效果起着很大的作用。

中排左图　这是一种适应气候变化的弹性种植。在没有自动灌溉的干燥夏季结束时，耐旱植物的灰色和蓝色叶子尤其引人注目，这里有'薇姿蓝'硬叶蓝刺头（*Echinops ritro* 'Veitch's Blue'）和柔和的蓝色的俄罗斯分药花（*Perovskia atriplicifolia*）。

中排中图　夏末草地中的雅美紫菀（*Aster amellus*）

中排右图　春季的白色唐棣花与千魂花生动苞片组合是巴比肯的真正标志性种植。

底排左图　在盛夏，'黄褐色国王'火炬花（'Tawny King'）和'古陶'荟草。

底排中图　夏末的'海伦荷萨圣'光叶牛至（*Oreganum laevigatum* 'Herrenhausen'）。

底排右图　在秋天和整个冬季，中国芒品种'Undine'的单一种植赋予松散的自然主义种植以秩序和结构，并与常绿的圆形大戟形成鲜明对比。

上图 巴比肯是不妥协的野兽派建筑的典型例子。自然主义种植与建筑环境具有强大的协调作用——实际上两者都得到了增强——建筑受益于种植的自然性，而自然又通过环境的硬度得以增强。访客非常普遍的评论是，这"就像在城市中间的野花草地中一样"。

右图 植物混合包括一定比例的短寿命但开花快或自播的植物，尽快产生效果，但随着其他种植的成熟且因为没有空地供种子再繁殖，几年后它们的作用将逐渐减弱。

上图　种植是基于一年中连续的爆发或"色彩波"。在这里，卡拉多娜鼠尾草（*Salvia nemorosa* 'Caradonna'）和紫色的大花葱穿过草木基质，期间有淡黄色的智利豚鼻花（*Sisyrinchium striatum*）斑块组合种植。东方罂粟（*Papaver orientale* 'Goliath'）的鲜红色使整个种植焕发能量。种植床与场地间的道路为人们创造了真正身临其境的体验。

生命之网

到目前为止，我们一直只专注于植物和种植。但是，植被也可以为花园中的其他生物提供食物来源，无论是花蜜、花粉、种子还是叶子。因此，"未来自然"的一个重要因素涉及我们如何提供更广泛的生物多样性，即"生命之网"。我希望尽可能将巧妙的栖息地结构整合到种植中，这样除了提供直接的食物来源之外，还可以提供庇护所，尤其是为无脊椎动物。我在1990年代曾在荷兰的自然花园中广泛从事这项工作，因此我下定决心要开发自己的版本。与我在英国碰到的小蜜蜂和虫子旅馆相比，这些荷兰式案例尤其令我印象深刻的是它们的规模。它们本身就是雕塑。这使我认为，如果您要将艺术品和雕塑整合到花园或种植中，那么本着包容其他一切精神，为什么不使其具有多功能性呢。

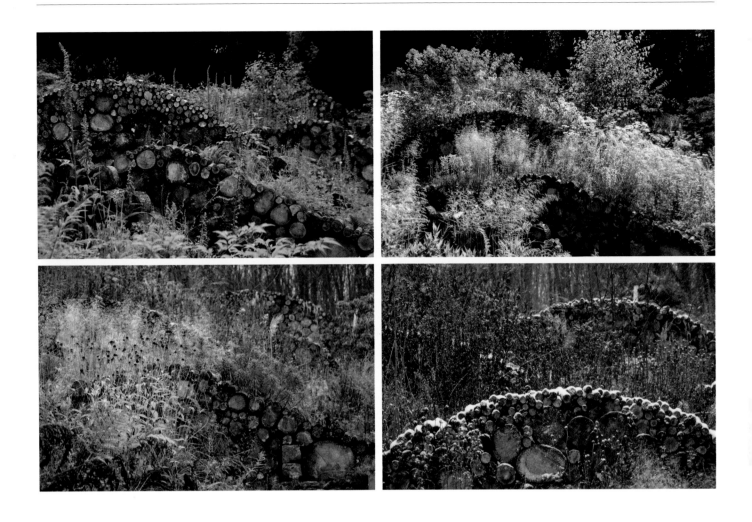

我自己的花园（My own garden）

　　我家的花园在陡坡上，我使用"波狼形"圆木桩将种植区分为多个部分。它们是形成秩序的基本要素。不同于一般的沿着等高线分布的台地挡墙，原木桩墙逆着等高线分布并沿斜坡上下流动。从这个意义上说，它们复制了干石墙的图案，将我周围的田野全部分隔开了，它们具有类似的弯曲而不是平坦的轮廓。当然，原木部分会逐渐腐烂，墙壁逐渐塌陷。您可以将其视为自然过程的一部分，并且其本身也很巧妙。但是我喜欢保持形状的完整性，因此每个冬天我都会加木材以保持与原来相同的波形模式。除了为无脊椎动物提供大量栖息地外，原木堆还逐渐被蕨类植物和自播植物（例如毛地黄 Digitalis purpurea）自然化。它们还开发了全新的真菌"植物区系"，就像花朵一样在秋天的原木上萌芽。

对页顶图　到夏末，原木堆几乎被周围种植的树木淹没并掩藏起来。

对页底图　早春时堆满了原木，周围的多年生植物和草被修剪至地面高度。每年都会有些腐烂，因此每年的任务是用新的原木补充顶部高度以保持形状。新旧混合本身就很有吸引力。

左上图　春季以多年生植物和草的新鲜绿色叶子以及毛地黄（Digitalis purpurea）的直立穗为标志。

右上图　夏季的能量，包括阔叶"洛登安娜"风铃草（Campanula lactiflora 'Loddon Anna'），后面的'艾琳'唐松草（Thalictrum 'Elin'）、千魂花（Euphorbia wulfenii）和发草（Deschampsia cespitosa）的花朵。

左下图　10月份的发草（Deschampsia cespitosa）种头与全缘金光菊变种（Rudbeckia fulgida var. deamii）的花朵和种子头混合在一起。

右下图　冬天下雪了。

下页图　这里有五个不同的波形桩，一个在另一个之后。路过时，您会感受到迷人而变化的形状相互作用。

对图　作者于2018年由皇家园艺学会（RHS）赞助的切尔西花展花园以多样多层种植和垂直的"生物塔"为特色，包括固定在直立柱子上的一系列层次，每层都填充有供各种无脊椎动物使用的材料。

上图　作者于2016皇家园艺学会汉普顿庭院花展中再次展示了"生物塔"，这里有一个鸟巢盒。在木头上钻的孔是独居蜜蜂（非巢居）使用的理想场所，它们是出色的授粉媒介。周围的植物支持那些完全相同的传粉媒介生物。

右图　作者2013年的切尔西花展花园，该亭子支撑着"生物多样性"绿色屋顶，以及一条雨链，将雨水径流引导至下方的雨水花园。展馆上是"生命之树"艺术品，由圆形的"栖息板"组成，里面充斥着无脊椎动物的巢穴和庇护所。

培育导则

本书介绍的种植设计方法可以启发你不断进行试验。你会发现那非常有趣——没有最终理想的植物组合。实际上，在过去的几十年中已经发展出某种自然种植的公式化方法，相同的植物以相同的组合使用，并且大多数专业植物苗圃提供相似的组合。相对来说较新的"随机种植"方法趋向于通过提供配方和标准化的植物或种子混合物，这可在任何合适的场地使用，这可能更加巨了这种公式化趋势。作为基础，但这可能没问题，但是真正有趣的是当您开始偏离公式并尝试自己想法的时候。

同样，很难对可以使用的不同的种植和管理技术进行说明。在最后一部分中，我们将介绍我大部分时间使用的一些标准方法，但是请记住——这些方法我们可以试着修改使用！

场地整理

让我们从现场条件开始吧，这些条件是决定选择植物的基础。因为通常我们不会反过来工作——对场地进行大刀阔斧的改动和修改，以适应您坚持要种植的某些预定植物。

我很少遵循传统的园艺实践，即提高土壤肥力来种植惊人的孤赏植物，这只会鼓励积极的"优势"植物。相反，我更喜欢中等压力的坏境条件。但是，我鼓励地面排水，并对压实的地方松土。

绝对关键的考虑是一开始就需要清除杂草。除非您拥有大量的除草资源，否则在引入植被之前，您要确保该场地尽可能清洁。您可以用有机地或化学方式地进行此操作。

上图　在种植多年生草地之前，将200毫米无杂草的市政绿色废料堆放在特伦特姆贫瘠的土壤上。覆盖物为新建植的种植提供了非竞争性的开始。

无菌覆盖物（Sterile mulches）

一旦场地清理干净，可以用一种有机（非化学）方法可以帮助您建植并确保最少的杂草——使用无菌、无杂草的土壤覆盖物。在现有表面散布一层防杂草材料，我们种植的植物能够扎根到下面的土壤中，但可以防止土壤中的杂草种子或植物残存向上发芽生长。沙子、砾石和无杂草的绿色废料腐熟物都符合要求，并且不会为该地点带来额外的肥力。这些材料的肥力很低，这样可使植物健壮、坚韧，尽管比在花境条件下它们个体要小一些。

为了有效，覆盖最小厚度必须为100毫米，最大为200毫米。使用人造绿色屋顶基质进行种植可获得相同的效果。这些材料前期看似是一笔可观的成本，但就长期维护而言，它们将节省大量时间。

对页顶图　彼得·科恩（Peter Korn）使用厚的粗砂（通常直接铺在草坪草上，以从头开始建植新的种植方式）作为完全无杂草且难以生长的种植环境。这是一种非常有效的方法，但建议添加缓释肥料，否则植物生长会非常缓慢。彼得·科恩（Peter Korn）花园里的照片。

对页中图　种植到砾石或类似的骨料中是促进抗性生长的另一种有效方法。在这里，在100毫米厚的骨料层中建立了耐旱植物（如丝兰和绵毛水苏（*Stachys byzantina*）。

本页　在"谢菲尔德灰色到绿色计划"（上图）和约翰·刘易斯雨水花园（右图）中均采用100毫米厚的骨料覆盖植物，以创建自由排水，无杂草的表面，即使在植被完全建植之前的冬天，种植表面也干净整齐。

种植和播种

种植密度（Establishment from plantmg）

在种植时，我通常以每平方米9~16株植物的密度进行。这看起来可能密度很高，但请记住，这不是过量施肥和浇水的常规花境。如果您看草地上的实际植物密度，这其实是非常低的！目的是在第一年植被可郁闭，以减少除草的需求。尽管不用定时灌溉，但要确保植物生长良好，在开始的4~6周内如果天气非常干燥，必须定期浇水。

上图 以黄色为主题的多年生种子混合物与红色-粉红色-紫色混合组合相互作用，蓝色和粉红色条纹与其他多年生混合物相交织。以这种方式处理以颜色为主题的混合效果类似于绘画的笔触。
种子混合设计 奈杰尔·丁奈特

右上图 在伦敦奥林匹克公园的这条路上，由种子生长成的不同颜色主题的多年生草甸混交带交替出现。黄色的春黄菊（*Anthemis tinctori*）和紫色的大矢车菊（*Centaurea scabiosa*）都很突出。
种子混合设计 奈杰尔·丁奈特

对页顶图 巴比肯海滩公园（Barbican Beech Gardens）的植物放样密度。这些组合包括寿命较短的前一两年出现的"弹出式"植物，以及更耐用、更长期的植物。

对页底图 相似的植物密度的特伦特姆草地种植。尽管植物密度似乎很高，但与每平方米播种的植物数量相比，这是相对较低的植物密度。在这两个示例中，使用低肥力土壤或生长介质至关重要。

播种（Seeding）

播种是谢菲尔德流派的标志之一。该流派认可大面积的自然种植，如果仅仅使用苗木是非常昂贵的。播种一直是我的主要方式，尤其是使用"弹出式"植物。一块干净的播种床至关重要。一些书中提到了这样的一种可能性，即可以通过简单耙松草地或草坪在其上播种，或者在其上清理出一点土地供幼苗生长。但实际上这是在浪费时间，因为十有八九的幼苗将被现有草类竞争出局。

我的同事詹姆斯·希契莫夫的书《播种之美》（*Sowing Beauty*）中描述了有关多年生草甸种子混合组成的非常详细的信息，在此我不再赘述。但是，我很少在可见、可用或引人注目的位置单独使用多年生种子混合物。这是因为多年生植物从种子开始需要两年的时间才能达到开花的大小。同时，它们的外观与在一个被忽视的地方上生长的杂草几乎没有什么不同。播种可能会失败，并且也很难预测哪种种子会成功，因此它本身也具有很高的风险——无法保证混合植物的平衡。

但是，对于一年生植物情况则有所不同。它们会在播种后的几个月内开花，杂草不会很明显，每年都有机会清理场地并重新开始。理想的组合是将一年生植物包含在多年生植物中，以期在第一年获得一些视觉兴趣。通常，我会在多年生种子组合中包含大约10%的一年生植物，并使用我称之为"苗条的一年生植物"，例如矢车菊、亚麻和金鸡菊——直立生长而没有大叶子的莲座丛或冠层，否则会影响已建植的多年生植物。在我完成的实验工作中，我发现将这一比例还可以减少杂草的入侵，因为它可以掩盖杂草侵入的所有潜在缺口。

上图　伦敦英女王伊丽莎白二世奥林匹克公园的这些多年生草地是使用英国本土物种创建的，但草的百分比非常低，以最大限度地发挥花卉的影响。
种子混合设计　詹姆斯·希契莫夫

右图　成团块的草在多年生种子混合中保持其完整性，开花结束后会产生视觉吸引力。 在这里羊茅（*Festuca ovina*）散布在一种蓍草（*Achillea millefolium*）种子混合物形成的种植中，并在季节结束时看上去依然充满趣味。
种子混合设计　奈杰尔·丁奈特

顶图　通过种植而不是播种在一个地区建立如此数量的种植将更加昂贵。

右下图　6个月后，同样的视角，每年"奥林匹克金"（'Olympic Gold'）种子混合在此盛开成一片。

种子混合设计　奈杰尔·丁奈特

左下图　干净的种子床表面必须有精心放好的细土"坡"，这对成功建植至关重要。伦敦奥林匹克公园的该片土坡已准备好在2012年春季播种。

上图　利用草地发挥创造力：在谢菲尔德的环城公路上，一些一年生罂粟花与多年生野花草甸种子混合物混合在一起，以赋予第一年色彩。自然化的大花葱和卡默斯百合在主要多年生植物主导这里之前就开始开花。所有照片都是在秋天的同一时间拍摄的。

右图　在土壤非常多杂草的地方，使用无菌地表覆盖物（例如粗砂）可以从种子混合物中培育出植物，同时防止杂草幼苗从下方再生 进入覆盖物下方的土壤中（混合物中成熟的种子可以生根）。图中播种覆盖物撒在现有的多杂草土壤上。

左上图　播种也可以与种植结合。在此示例中，多年生植物以低密度种植在沙地覆盖物中，然后将种子混合物播种在它们周围。整个区域都覆盖有可生物降解的粗麻布网，以减少雨水侵蚀。在这张照片之前的秋天进行了播种和种植，该照片显示了种植的植物在春季的萌发。

右上图　一年后，尽管仍然可以看到一些沙子，但粗麻布网已经腐烂了。紫色芽是松果菊（*Echinacea purpure*）的新长叶子，松果菊是从种子混合物建植的。

底图　夏季晚些时候在同一区域，有蓝色大叶紫菀（*Aster macrophyllus*）和黄色全缘金光菊变种（*Rudbeckia fulgida* var. *deamii*）。
种植和种子混合设计　奈杰尔·丁奈特

案例研究：奥林匹克公园奇幻区

多年生种子混合设计：奈杰尔·丁奈特
空间设计：We Made That & LDA Design
实施时间：2013年春季

  伦敦奥林匹克公园的奇幻区就是一个使用多年生花卉种子混合物的完美典范。在奥运会期间，该区域由我专门为公园开发了一系列以颜色为主题的、直接播种的一年生植物种子混合物，但在奥运会结束后，决定将其转换为以颜色为主题的多年生混合物。在整个奥林匹克公园中，场地上以前存在污染，我们很幸运能够使用清理过的土壤，而且一开始它们完全没有杂草。多年生混交植物包括一定比例"苗条的一年生植物"，在第一年看起来很壮观，而到第二年，有大量自播繁殖苗。但是在接下来的几年中，这些一年生植物逐渐消失了，现在这些组合几乎都是多年生的。

  奇幻区是作为一种艺术装置而创建的，是在奥林匹克公园兴建之前原场地工厂和车间所在的位置上建设的。该区域的设计中种植不同种子混合物形成严格的图案布局。真正令人着迷的是，由于一年生植物帮助多年生植物实现了建植，即使不同的种子混合物中含有自播的多年生植物，实际上几乎没有入侵不同混合种植区域的现象——在不同图案间仍然存在明确的界限。从一开始就把事情做好就是万事俱备。

  以每平方米3g的种子的比率播种种子混合物，无论是多年生还是一年生植物，这通常都是我使用的播种率。为了使种子均匀分布，将其与填充剂混合，以所需的量均匀分布在表面上，然后进行将种子耙入土中。

  对于多年生植物和一年生植物，我倾向于使用多花或纯花植物的种子混合物。典型的野花草甸混合中含有很多草类（通常占种子重量的80%），这可能使多年生植物的生长变得非常成问题——这就是为什么长期以来许多人造草甸都失败的原因。我会在之后或者提前将团块状的观赏草播种在其周围。

顶图 以白色和紫色为主题的多年生种子混合物，与白色的粟猪殃殃（*Galium mollugo*）、西洋菁草（*Achillea millefolium*）、滨菊（*Leucanthemum vulgare*）和紫色的黑矢车菊（*Centaurea nigra*）。

上图 五年后，这两种不同的种子混合物之间仍然存在直线划分。这是在第一年实现完全植被覆盖的直接结果，这可以防止杂草或其他不在原始种子混合物中的植物入侵定植。同样重要的是，将种植混合物播种在干净、无杂草的表面上。

顶图 以不同颜色为主题的多年生种子混合物挑选了体现该厂以前的工厂和车间的足迹的植物。

下排左图 在春季末期，在主要花季之前，质感的不同仍然显示出了不同的种子混合物。

下排右图 蓝色亚麻（*Linum perenne*）和红色蝇子草（*Silene dioica*），以及两种不同的多年生'奇幻'植物种子混合物相邻配植。

背页图 2018年7月的奇幻区，处于长时间炎热干燥的盛夏季节。 在一块以白色为主题的开满野胡萝卜（*Daucus carota*）多年生草地中间是一个矩形的黄色多年生草地，由蓬子菜（*Galium verum*）和凤性蓍（*Achillea filipendulina*）组成。

草地建植

除播种外，还有几种方法可以建植草地。建植草地植被的一种更直接的方法是使用预先种植的草皮。这有两个很大的优点：即时效果，会立即看起来效果不错；只要一开始就没有杂草，它也将在很大程度上消除杂草从下面土壤入侵。例如，许多多年生的缀花草地（Pictorial Meadow）种子混合物也可作为预先种植的草皮获得。但这是最昂贵的方法，并且与播种一样，它需要完全清除所有现有的植被，并整地以形成良好的生长基质。

一种简单有效的方法是将多年生植物直接种植到现有的草坪或草地上。尽管通常建议在现有草地直接插入栽植植物，但这些植物往往太小而无法在竞争条件下很好地建植，并且需要一些时间才能产生视觉效果。相反，我建议使用规格合理的容器苗或裸根苗。取出一部分现有的草（约150mm×150mm），挖出一个种植孔，放入新植物然后回填并浇水。在这些条件下，只有健壮的多年生植物才能长势良好——只有那些枝叶茂盛的植物才可以从草丛下面长起来。这种方法的最大优点是您可以在现有的草地上种植，并且可以将开花的草本带入草地——该基质是整个草地的一部分。

左上图　作者在北约克郡林杜姆草坪（Lindum Turf）种植的苗圃预植草皮的实验区之一。

右上图　草皮生长在一层很薄的堆肥上，并生长在塑料板上以防止其扎根到地下。

左下图　令人惊讶的是，这种薄的基质层可以支持如此多生长。

右下图　作者的北美草原草地组合，此图可见黄金菊类和紫苑。除具有即时作用外，使用草皮的主要好处在于，它可以有效地抑制杂草从其下的土壤中生长，这具有很大的养护优势。

对页图　特伦姆花园的多年生草地是使用缀花草地的"金色夏天"多年生种子混合物建植成的。

顶排　作者的前花园在最初建造和安装后的效果。左侧的草坪是用标准的耐磨草坪重新铺设的，右侧图片是多年生植物种植后的原草坪区域，有的是花园中现有植物的分株，也有的是用2升盆苗栽植的。

中排　'热带之夜'西伯利亚鸢尾品种（*Iris sibirica* 'Tropic Night'），'五月花，银叶老鹳草（*Geranium sylvaticum* 'Mayflower'），'速霸'拳参（*Persicaria bistorta* 'Superba'）和滨菊（*Leucanthemum vulgare*），均已自然化种植于前草坪（左）。在季节的后期（右），随着草地上的花朵开花结束，

沿边缘的自然种植有助于将草地整合到这个小空间中。

下排　左图是作者花园中的另一个示例，该花园将原来的草坪改成了长满鲜花的草地。'贝基'大滨菊（*Leucanthemum* × *superbum* 'Becky'），'罗赞'老鹳草（*Geranium* 'Rozanne'）和抱茎蓼（*Persicaria amplexicaulis* 'Rosea'）在这里自然化种植。右图为'白天鹅"西伯利亚鸢尾（*Iris sibirica* 'White Swan'），已自然化种植于原草坪区域。

右图 在伦敦英女王伊丽莎白二世奥林匹克公园，奇幻草地直到1月下旬或2月才被回剪。这是为了让晚开花的物种发挥作用，但重要的是要在冬季为鸟类保留种头。无论是用镰刀手工割除，还是用打草机或割灌机割草，不管是割草或用连枷，重要的是要去除剪下的枝叶并进行堆肥，以免脆弱的物种被窒息，并防止过多的肥料在草地上累积。

下图 通过剪除所有地面上的生长物并将其移除来维护草地。传统上，这是从7月开始进行的，修剪下的材料会在冬季干燥并用作干草作为动物饲料。但是在花园环境中，最好将残枝保留到夏季或秋季结束，以使晚花品种能够延长开花期。

多年生植物养护

对于本书所涉及的自然主义多年生种植，我有一个标准的基本维护制度。目标是：减少所需的工时投入；全年保持较高的视觉质量；促进其对于生物多样性和野生动植物的价值。

一旦种植过了早期建植阶段，以下就是我的典型操作顺序：

● 到3月初，将所有剩余的落叶多年生枯杆和种子头回剪并去除。

● 3月初至4月中旬：根据需要进行精细除草。

对所有自播的幼苗进行间苗和移植。对生长过度旺盛的多年生植物进行分株。如有必要，重新调整种植。必要时补充地表覆盖物——严格使用无菌、低肥力的材料，例如沙子、碎石、腐熟绿色废物。不需要粪肥和化肥！

● 4月中旬至6月中旬：如有需要进行除草。通常是不需要除草。

● 6月中旬至10月：只需很少的维护。让层次建立并隐藏较早开花层的残枝。

● 10月至11月：清除所有不整洁或掉落的多年生茎叶。但只做最小化的去除，并尽可能多和长时间地保持种籽头和有色的植物结构。

● 11月至翌年2月：当残枝和种子头掉落，变得不整齐或破坏视觉效果时，应依次清除它们，其他不影响美观的则保留。我会有系统地做些工作，回剪并清除所有过了最佳状态的植物，并每隔几周进行一次。通过这种方式，冬季植物逐渐变得稀疏，仅保留最具抗性和强壮的植物，直到冬季结束。另一种方法是遵循标准惯例，并在10月到2月之间保留一切。随着冬季的进行，这看起来可能会变得非常糟糕，我更喜欢遵循冬季的过程逐渐减少和疏除种植。

顶排　典型的自然主义多年生植物会在冬天干枯并变成褐色。它们会保持良好状态，直到下年初，但将逐渐掉落并变脆。左图是1月底伦敦奥林匹克公园的北美花园。由于所有地上的生长物都已死亡，因此可以在冬季末将此类种植回剪到地面，并去除所有修剪下的枝叶。右图是2月初奥林匹克公园中的欧洲花园，前景中的区域已被清理，而后面的植物仍旧挺立着。

底排　所有回剪的垃圾都被打包并运走以进行处置。但是，在下面没有早春球根植物的地方，也可以使用旋转割草机来达到相同的效果，并且用切得很细的茎将在表面形成覆盖物。如右图所示，回剪的植物将在春季重新萌芽。

对页上排　在巴比肯，多年生植被需要新鲜、活泼的冬季外观。在这里，养护工作必须更具选择性，当落叶多年生植物变得不整齐时将其清除，但要保留常绿的多年生植物和草类。在这种情况下，由于所有选择的植物都非常健壮，因此直到春季之前，大多数植物都未被修剪。

对页底排　在早春的草地上，常绿大戟（*Euphorbia characias*）在未割除的草丛中开满了花。如图所示，除了常绿的大戟属植物外，所有的草本和多年生植物均已剪除并清理。

矮林经营

矮化是指对树木和灌木丛的地面部分进行回剪，以刺激从底部生长新芽。与生产大木料的树林相反，这种林地经营的目的是生产工艺品或者纸浆用的"小木料"。但是，还必须注意，在矮化经营砍伐树木然后长成树木的过程中，树下从暗凉的树荫到有开阔温暖阳光的交替会产生大量的地面植物，例如草本植物和球根植物。

矮化通常会产生多杆的木本植物，而新长出的幼枝则会有彩色的茎或特大的叶子。例如，定期对一些山茱萸（*Cornus* spp.）和柳树（*Salix* spp.）进行矮化修剪，会产生颜色鲜艳的冬季茎。

由于矮化和地面不同层次的多年生植物之间的关联，我长期以来一直认为这是将木本植物与多年生植物整合的理想方法。在英国，我们较为熟悉的是对林地中的欧榛（*Corylus avellana*）或欧洲栗木（*Castanea sativa*）采用这种方法，这个方法对许多乔灌木都非常有效。此外一些因根蘖性质而难以控制的树木和灌木（例如鹿角漆树 *Rhus typhina*）可以像多年生植物一样可以通过定期的修剪来进行更有效地经营管理。

左上图　在肯特的西辛赫斯特城堡（Sissinghurst）的坚果步道对我影响很大。几十年来，它包含了任何地方最美丽的多年生耐荫植物。实际上，它是风格化的欧榛（*Corylus avellana*）林木。在这里，荚果蕨（*Matteruccia struthiopteris*）形成较大的漂流种植带，并长有白色蓝铃花（*Hyacinthoides non-scripta* 'Alba'）和延龄草。

右上图　规则间隔的多茎榛树根株以及笔直的路径使自然种植更加井井有条。

左下　充满活力的地被植物、多年生植物、蕨类植物和球根植物的混合种植充满了木本植物之间的空间。

右下　西辛赫斯特坚果步道对谢菲尔德植物园的林地花园设计产生了重大影响。在这里，于天然榛子根株之间种植了片状的粉背叶报春花（*Primula elatior*）。

种植设计　奈杰尔·丁奈特

结 语

许多年前，我应邀向澳大利亚东海岸汤斯维尔市的市政当局提供一些建议。该地区的气候每年都有显著的干旱期，以至于当地人都给这座城市起了另外一个名字：布朗斯维尔（Brownsville，其中Brown在英文里是棕色的意思），因为一切都变棕色干枯了。为了对抗这种景象，这座城市使用了许多常绿的热带植物使景观能活跃起来，但这在很大程度上依赖于大量灌溉。我去提供建议并寻找在该地区看起来不错而且可以忍受干旱条件的本地植物。

我去了城市周围的山上植物园，寻找尽管干旱却仍在绽放的引人入胜的开花植物及在干燥的热带稀树草原上看起来不错的植物。我自己在当地观景台主要道路旁的一片棕褐色草地上，到处拍摄野花照片。

突然，两位女士走到我旁边，问我在做什么，因为我当时看起来完全是疯了。我告诉他们我正在草丛中寻找吸引人的植物。其中一位女士说："你在浪费时间——如果你想看漂亮的植物，就到我的花园来吧，里面满是漂亮的玫瑰花坛。"我说，

"但我喜欢野生植物。"第二位女士说："如果你喜欢野生植物，那么咱们算是同好。"从那时起，这段对话就一直萦绕在我脑海中。现在这本书已经完成了，我很想知道她们会怎么看这本书。我想把书介绍给第一位女士，希望让她相信在人工景观植物群落中展现自然风格是多么的美，我甚至希望说服她，这是用植物营造花园和风景最美丽、最令人满足、最能激发情感的方式。

但是，这本书实际上是用图片对第二位女士做出回应，我原告诉她未来就是属于这种令人激动和振奋，富有戏剧性、美丽而令人叹为观止、大胆又冒险的种植。这也将是野性的，不仅仅是有自然的感觉而且是富有野性的，因为这与众不同，令人着迷，不安全且并不总是中规中矩的。

我不知道这本书能对她有多大帮助，但本着很久以前那次澳大利亚遭遇的精神，我衷心希望这本书能带您踏上一场真正疯狂的旅程。

对页图 伦敦英女王伊丽莎白二世奥林匹克公园内的欧洲花园，长满针茅草（*Stipa calamagrostis*）和红色皱叶剪秋罗（*Lychnis chalcedonica*）。
设计 奈杰尔·丁奈特和莎拉·普莱斯

致 谢

自从我最初以研究人员和设计师开始职业生涯以来，我的大部分作品（即使不是全部）都是与其他设计师和研究人员以及经理、技术员及园丁合作的结果。我从他们那里学到了很多东西，也从我自己的实验工作中学到了很多，并且我非常感谢与我合作的每个人——人数众多无法一一列举。

我在书的前半部分提到了影响我的关键人物，但我必须单独感谢美国景观设计师达雷尔·莫里森，他与大自然和谐相处的温和理念我一直铭记在心，并不断指导着我的思想。皮耶特·奥多夫的支持和鼓励使我受益匪浅。我也非常感谢他为本书作序。

我在英国谢菲尔德大学景观设计系工作了二十年，在这里与詹姆斯·希契莫夫进行了最多的合作。我们分享了很多想法，并遵循一套共同的规则或原则，我们相互借鉴每一个工作计划，最终实现了2012年伦敦奥林匹克公园的种植方案，这是我永远不会忘记的经历。许多博士生都为我的研究发展做出了贡献，但在这里我必须提到两位：长濑文子（Ayako Nagase），她支持我的许多绿色屋顶植物试验工作，并为本书的屋顶花园项目打下了基础；袁嘉（Jia Yuan）安排了改变我人生的中国之旅：这些旅行的成果在书中占有重要地位。

我要感谢德福自治市镇委员会（Telford Borough）的克里斯·琼斯（Chris Jones）和谢菲尔德绿色地产（Green Estate）的丹·康威尔（Dan Cornwell）和苏·弗朗丝（Sue France），他们接受了缀花草地的想法，并使其挑战性的在城市地区大规模地运用，与这样的人一起工作对于我来说如同做任何实验一样重要。同样的，斯塔福德郡特伦姆花园和房地产主任迈克尔·沃克（Michael Walker）一直是最出色的合作者，总是将事情推向最佳状态。我也非常感谢伦敦金融城公司园艺官员布拉德利·维尔乔恩（Bradley Viljoen）在巴比肯项目的早期阶段所提供的重要支持和指导。

为切尔西花展（Chelsea Flower Show）造园是最令人振奋的经历，使我能够将作品背后的信息推广给广大的观众。如果没有马克·格雷戈里（Mark Gregory）、里奇·拉维尔（Rich Lavelle）和凯瑟琳·麦克唐纳（Catherine MacDonald）以及整个Landland UK团队技能和知识的支持，这是不可能做到的：作为景观承包商和设计师，他们体现的团队合作价值观及并付出更多努力使事情变得非同寻常的奉献精神给我留下了持久的印象，在此表示衷心的感谢。特别感谢泰娜·苏尼奥（Taina Suonio），她一直是我在展示花园和巴比肯岛植物放样种植的得力助手。另外如果没有景观设计公司与我合作提供技术支持，这一切都不可能实现，所以感谢帕特里克·詹姆斯（Patrick James）、埃德·佩恩（Ed Payne）、罗西·特纳（Rosie Turner）和埃莉诺·霍德克罗夫特（Eleanor Houldcroft）。

这本书的出版得益于与我长期合作的编辑及出版商安娜·芒福德（Anna Mumford）的视野、通达和信念（和耐心），没有她就不可能有这本书。我无法想象与其他人一起工作，与她再次合作是最愉快的经历。我也非常感谢莎拉·普莱斯就这本书的形式和内容与我进行前期讨论，我曾与他一起在奥林匹克公园工作，自那以后就因她对艺术与自然的诗意融合而深感敬佩——这也极大的影响了我的工作方式。

最后，最要感谢的是我的家人。我的妻子玛塔·赫雷罗（Marta Herrero）博士是我在编写本书的整个过程中最希望得到爱和支持的人，而对于我的两个儿子亚历克斯（Alex）和杰克（Jack），他们两个都已进入园艺和植物界，一位是专业的园丁，另一位是景观设计师——我希望这对他们来说像对我一样有意义。

图片致谢

马克·鲍德温（Mark Baldwin）/ shutterstock.com，第76页，顶图和中图；安迪·克莱登（Andy Clayden），第96页，顶图；卡拉·达金（Karla Dakin），第30页（上图）；istock / JFspic，第72页底图；istock / sololos，第119页；istock / bingdian，第164页；简·塞比尔（Jane Sebire），第14页底图；雷切尔·沃恩（Rachel Warne），第239页；斯科特·韦伯（Scott Weber），第168和169页底图；扬·伍斯特特拉（Jan Woudstra），第56页

英文原版作品标题为

NATURALISTIC
PLANTING
DESIGN

The Essential Guide

出版时间为2019年。该译本由菲尔伯特出版社同意出版。

Originally published in English under the title Naturalistic Planting Design in 2019. This
translation edition published by agreement with Filbert Press.

内容介绍

自然主义种植设计为我们提供了一个替代传统造园的备选方案。最佳的自然主义花园不仅植物丰富、可持续、有益于环境，而且非常优美，是令人振奋的、与自然界能量共鸣的场所。

在这本开创性的著作中，该技术的主要倡导人奈杰尔·丁奈特（Nigel Dunnett）分享了他无与伦比的生态和园艺智慧及引人入胜的工作方法。书中能发现如何解读景观、如何创造那些清晰并有情感参与的"设计的植物群落"。向这位自然生境模拟专家学习如何用"锚点"和"卫星"植物、"三的威力"法则及用层次创造趣味等具体方法和规则来完成全年的植物种植。

本书采用大量深入实践性的案例、插图、平面和图表，为该入门指南提供了必要的支持，希望加入到自然主义植物设计的朋友自此开启探索之旅吧。

菲尔伯特出版社 2019 年第一次印刷
Filbertpress.com

文字 © 奈杰尔·丁奈特（Nigel Dunnett）
图片 © 奈杰尔·丁奈特（Nigel Dunnett）（如无其他说明）
图片致谢 © Mark Baldwin/shutterstock.com, page 76 top and middle; Andy Clayden, page 96 top; Karla Dakin, page 30 (top); istock/JFspic, page 72 bottom; istock/sololos, page 119; istock/bingdian, page 164; Jane Sebire, page 14 bottom; Rachel Warne, page 239; Scott Weber, page 168 and 169 bottom; Jan Woudstra, page 56.

编目记录可从大英图书馆获得。
ISBN：978-0-9933892-6-9
10 9 8 7 6 5 4 3 2 1

设计：诺埃尔工作室（Studio Noel）
印刷于中国

封面：伦敦巴比肯山毛榉花园

封底：大花葱品种'环球霸王'（'Globemaster'）盛开在巴比肯初夏的草原草甸（左），其长种子的花头在一年中长时间保留在枝头作为景观特色（右）。